Examen de Entrenamiento para el

Examen de Admisión del 2016

Examen de Entrenamiento para el Examen de Admisión del 2016

Edmundo Llamas

Lulu, Inc.
Morrisville, North Carolina, USA

Edmundo Llamas: Trivia in a nutshell - Examen de Entrenamiento

ISBN   978-1-329-99204-7

Copyright © 2016, Edmundo Llamas Alba

Todos los derechos reservados. Ninguna parte de esta publicación puede ser reproducida o transmitida en ninguna forma o por ningún medio, electrónico o mecánico, incluyendo fotocopiado, grabación, o almacén de masa en sistemas informáticos, sin permiso escrito del dueño de los derechos.

Printed in the United States of America

Examen de Entrenamiento para el Examen de Admisión del 2016

Instrucciones para mejor resolver el Examen de Admisión

Lea con mucho detenimiento la primera parte del siguiente texto ANTES de contestar el examen. Téngalo y consúltelo mientras responde este Examen de Entrenamiento. Antes de contestar el Examen de Admisión al que se enfrentará en pocos días estudie cómo está estructurado, pero, sobre todo, trate de suponer cómo es la mente de quienes escribieron el examen: ¿Qué buscan en usted? ¿Qué están evaluando? ¿Cómo es, desde el punto de vista de ellos, el mejor estudiante universitario? ¿Cómo es el mejor estudiante de medicina? Recuerde que, por encima de cualquier otro objetivo, buscan seleccionar a aquellos aspirantes que mejor demuestran su habilidad para la lectura, para la comprensión de las preguntas, y para la comprensión de pequeños textos.

La primera dificultad a superar por su parte es la comprensión de las preguntas: ¿qué le están preguntando en cada una de ellas? ¿Qué le están preguntando realmente? ¿Por qué la pregunta está estructurada así? Por supuesto que quieren saber si usted tiene en la memoria algunos datos que ellos consideran fundamentales, pero más que nada, buscan seleccionar a aquellos aspirantes capaces de dar con la opción correcta solamente porque leyeron bien la pregunta.

La siguiente sencilla técnica le permitirá tener varios aciertos más: Localice las partes fáciles y las partes difíciles del documento. Ya con una idea clara del examen que tiene que enfrentar planee su forma de resolverlo: comience por las preguntas más fáciles. Esto le dará una sensación de fuerza, un estado de ánimo de poder que le ayudará a resolver las preguntas más difíciles.

Las preguntas más difíciles bríncueselas, márquelas con una gran cruz, y vaya a la siguiente pregunta fácil que encuentre. Tómese su tiempo, asegúrese de tener bien todas las preguntas que para usted son fáciles. Es muy importante que **deje las preguntas difíciles para el final**. Hay una razón de peso: las preguntas más difíciles son las que tienen una mayor probabilidad de que usted las resuelva erróneamente. ¿Para qué gastar el mejor de su tiempo, aquel en el que usted está fresco de la mente, tratando de resolver lo imposible? Dedique lo mejor de su mente, y de su tiempo, a aquello que con mayor probabilidad le puede generar respuestas exitosas. Si piensa estudiar ahora póngase como objetivo el reforzar sus áreas fuertes. No intente fortalecer sus áreas débiles porque no lo va a lograr y solo desperdiciará su irrepetible tiempo. No se empecine: si repasa lo que ya domina es más probable que sus resultados mejoren. En cambio, si intenta aprender apenas hoy cosas que nunca ha sabido solo se hará bolas y perderá horas preciosas.

Recuerde pues que al enfrentarse a cada una de las preguntas primero tiene que asegurarse que ha leído todas las palabras que la componen. Si no entiende todas las palabras trate de entender la pregunta con las palabras que sí comprende. Y trabaje en las opciones: empiece por descartar aquellas que usted está razonablemente seguro que no tienen nada qué ver con lo que se le pregunta. Para esto utilice inteligentemente la información que con tanto esfuerzo ha ido juntando a lo largo de los últimos meses. Porque si la opción correcta, la primera que piensa después de haber leído la pregunta, no está entre las opciones, es tiempo de trabajar inversamente: busque las opciones erróneas y elimínelas.

Acepte la idea de que uno tarda años en aprender a leer. Solo usted, en lo profundo de su conciencia, sabe si ha llegado ya a ese punto. Cuando así sea, usted se dará cuenta. Adentro de su cabeza, la lectura sonará de otro modo: sonará a correcta, a fácil, a la nuez de la cuestión, al tuétano de la pregunta.

Aprender a leer es una destreza que se adquiere. <u>Entre más preguntas practique más hábil será</u>. En ese espíritu es que se le entrega este examen. Hágalo con la misma convicción que el deportista de alto rendimiento deposita en su entrenamiento.

Por otro lado, no olvide considerar el tiempo disponible, que aunque suficiente, es un factor a incluir siempre en la metodología que usted aplique en su desempeño. Llévese un reloj de pulsera, un reloj sin electrónica, así los vigilantes no tendrán excusa para recogérselo.

Por otro lado, piense en la pregunta antes de leer las opciones. Es decir que antes de leer las opciones asegúrese que entiende bien lo que se le pregunta. Si no, las opciones serán tan persuasivas que lo jalarán a la respuesta incorrecta.

Todas las preguntas valen lo mismo. Siempre que pueda use aproximaciones numéricas. Evite fatigarse con cálculos innecesarios. Base sus respuestas en los datos proveídos en la pregunta, NO en su propio conocimiento. Aténgase a su personal proceso de eliminación de opciones, el que ya ha usado antes, no improvise métodos durante el Examen de Admisión. Si va a improvisar hágalo ahora, en este Examen de Entrenamiento. Si no sabe una respuesta, invente. En las lecturas de comprensión, en inglés o en español, lea primero las preguntas. Vaya a las lecturas de comprensión sabiendo qué le van a preguntar.

En Física y Matemáticas, siempre que pueda, conjeture la respuesta. Tal vez las opciones son tan diferentes entre sí que puede ahorrarse un problema.

En las secciones de Biología, Química, Física y Matemáticas trate de colocarse en el papel de la Comisión de Admisión. Ellos quieren evaluar cómo es que usted razona, cómo resuelve problemas, qué tan organizada está su mente. No andan buscando un cerebro como esponja que absorba información. Es crucial que con los principios básicos de la ciencia pueda manejar problemas a los que no se ha enfrentado jamás. Este es el tipo de flexibilidad mental que evalúa el Examen de Admisión. Es una forma de abstracción.

Se le presentarán escenarios poco familiares, cosas de las que nunca ha oído hablar. Debe tomar ese escenario desconocido y trasplantarlo a un escenario que le resulte familiar. Haga dibujos de todo lo que no entienda. Por ejemplo: la mitad de los problemas de física que ha tenido mal se resolverían si hubiese hecho un dibujo. Recuerde que NO le pueden preguntar cosas imposibles, pero sí pueden envolverlas en tales palabras que, al principio, le resulten desconocidas. Esa es la idea, quieren ver si es capaz de sustraer lo importante que un "rollo" pueda contener.

Más de la mitad de las preguntas le resultarán desconocidas. Esto es así porque el Examen de Admisión está diseñado para que sea extremadamente difícil. Sin embargo, una segunda lectura le revelará puntos familiares, comunes a otros temas que usted sí sabe, a temas para los que sí se ha preparado. Agárrese de estas aristas y conteste lo mejor posible. Descarte las opciones francamente erróneas, y de las dos o tres que le queden descarte también la que crea que es una distracción puesta ahí por la Comisión de Admisión.

No se sienta mal de ignorar tanto. Si usted se siente mal le está cediendo su lugar a otro aspirante. La Comisión quiere descartar a aquellos que no son buenos tolerando la frustración. La Comisión quiere fatigarlo, para que usted se derrote a sí mismo. Trate de no seguir este juego. Recuerde este texto en ese momento difícil, usted se preparó para ello. Usted ya sabía que la mitad del examen resultaría incomprensible. Cambie de pregunta, vaya a alguna que sí sepa. Desplácese mucho dentro del cuadernillo de preguntas. Nadie le va a dar un premio por irse en orden, al contrario, solo los tercos se empecinan en seguir un orden. Adáptese a la situación.

No le añada complejidad a una pregunta que no la tiene. En algunos casos habrá preguntas sencillas. Únicamente asegúrese que leyó todas las palabras de la pregunta. Use el cuadernillo de preguntas, ráyelo intensamente. Llévese lápices de sobra.

No puede darse el lujo de ser minucioso. Las tendencias perfeccionistas que hicieron de usted un buen estudiante de Preparatoria, y que lo hacen incluso ahora un buen candidato a estudiante de medicina, pueden ser nocivas durante el Examen de Admisión. Por ejemplo, si es de los que acostumbran trabajar intensamente en una pregunta hasta obtener una respuesta, o de los que leen completa y minuciosamente una lectura de comprensión antes de permitirse ver las preguntas, estará inútilmente agotado antes que los demás aspirantes. No tiene que entender todas las palabras de un texto para poder contestar las preguntas que le siguen. Lea primero lo que le van a preguntar de ese texto, así evitará atorarse en algo que ni le preguntan.

No trabaje de más en el examen. No puede dedicarse 20 minutos a una sola pregunta. No porque le vaya a faltar el tiempo, sino porque se está agotando físicamente en tan solo 1/120, o un 1/160 de todo el examen. Durante el resto del examen tendrá un déficit de atención, una gran fatiga, y contracturas musculares en la espalda que lo agotarán.

Trate de verse a sí mismo desde fuera de usted. ¿Con qué actitud está en el examen? ¿Está relajado? ¿Se está divirtiendo? ¿Está cómodamente sentado? ¿Se puede recargar de vez en cuando? ¿Tiene calor? ¿Hay ropa que se pueda quitar?

Si una pregunta está completamente fuera de su alcance lea las opciones cuidadosamente tratando de obtener información de ellas. Conteste y siga adelante. Ya no se regrese. Usted sabe que NO sabe, utilice esta información a su favor, regálese tiempo y esfuerzo en lo que SÍ sabe. Es más probable que si se dedica a lo que sí sabe lo resuelva correctamente. Recuerde que la Comisión de Admisión también quiere evaluar cómo maneja usted su tiempo.

El examen trae información innecesaria. No se frustre si a los problemas les sobran datos. Eso entró en los cálculos de los que diseñaron el examen. No caiga en las trampas. Algunas preguntas basadas en lecturas de comprensión realmente pueden responderse sin consultar el texto. No deje que la información innecesaria lo confunda.

Segunda parte

Calcule que estará sentado al menos cinco horas. La próxima vez que vaya al cine imagine lo que sería ver dos películas seguidas sin poderse levantar a nada, y sin poder hablar con nadie. Conceptúe todas las secciones del examen como variaciones del mismo tema, ya que el propósito subyacente del mismo es evaluar sus mecanismos de pensamiento.

Contrario a lo que usted pueda creer, el Examen de Admisión no es un test intensivo ni en matemáticas ni en física. Es un examen de razonamiento que se puede responder sin mucho cálculo, ecuaciones diferenciales o matrices. Tampoco necesita mecánica cuántica. Basta con saber quebrados, geometría básica (triángulos, círculos, esferas, cubos, cuadrados), álgebra, exponentes, logaritmos, y un poco de trigonometría, particularmente los conceptos de seno y coseno de ángulos usuales y el teorema de Pitágoras. Recuerde que el examen lo hicieron personas que, como usted, decidieron dedicar su vida a la biología y NO a las matemáticas.

Controle sus nervios. La mitad de los malos resultados en el examen son por angustia. Sus exámenes de entrenamiento deben de servirle para aprender a dominar a sus nervios. El Examen de Admisión no sólo evalúa lo que usted sabe, sino la forma en cómo piensa. Memorizar fórmulas no le ayudará a sacar mejor calificación. Trate de entender los principios fundamentales de la física, los conceptos básicos de la química, las definiciones que entran en los fundamentos de las matemáticas.

Estudie al detalle la biología, ya que la medicina es una rama de ella. Ahí sí es sensato detenerse en la letra pequeña, en la trama de los mecanismos intracelulares, en la organización de los órganos que forman los sistemas.

Recuerde que el Examen de Admisión lo compara a usted con el resto de los aspirantes, nada más. No tiene que saberlo todo, basta con saber más que los otros.

Examen Final de Entrenamiento para el Examen de Admisión del 2016

Preguntas

Este examen consta 200 preguntas numeradas de la 1 a la 200. Contiene exclusivamente temas básicos para un buen bachiller. La idea es que le permita detectar aquellos puntos MUY ESPECÍFICOS que usted no domina y que todavía alcanzaría a repasar. Contéstelo realmente. No nada más lo lea. No es lo mismo pensar que usted sabe la respuesta correcta a decidirse a marcarla. Aunque le cueste trabajo creerlo este examen no contiene preguntas difíciles, sólo elementos que un buen bachiller debe dominar.

En una segunda parte de este documento están las respuestas correctas. NO SE PONGA NERVIOSO. Para estudiar enfóquese primero a sus áreas débiles. Al ensayar NO deje pregunta sin contestar. Empiece por las preguntas que usted sabe que sabe. Déjese llevar por el instinto en aquellos temas que NO domina pero revise concienzudamente aquellos que SÍ domina.

No se vaya en orden. SIEMPRE conteste primero sus áreas fuertes. Deje para el final sus áreas difíciles. Deje para el final las preguntas más complicadas, aquellas de las que menos sabe. En suma, deje para el final lo más difícil.

Preguntas

1. ¿Cómo se denomina la rama biomédica que se ocupa del núcleo celular y de sus procesos bioquímicos?
    a. biología molecular
    b. biomedicina
    c. bioquímica
    d. cristalografía
    e. histología

2. La lluvia ácida es aquella cuyo pH es:
    a. <7
    b. <6.5
    c. <5.6
    d. >5.6
    e. cuantificable

3. ¿Qué elemento del citosqueleto contribuye en mayor medida a la formación de la trama terminal?
    a. citoqueratina
    b. desmina
    c. microfilamentos
    d. microtúbulos
    e. vimentina

4. ¿Cuál de las siguientes frases acerca de la extinción de las especies NO es verdad?
   a. cuando una especie se ha extinguido no vuelve a reaparecer
   b. la extinción es la pérdida permanente de una especie
   c. la extinción es un proceso biológico natural
   d. las actividades humanas tienen poco impacto en las extinciones
   e. un 25 por ciento de las familias vegetales estarán extintas al final del siglo XXI

5. ¿Qué contiene el Accutane®?
   a. alcohol
   b. cocaína
   c. isotretinoína
   d. talidomida
   e. vitamina K

6. Eslabón entre la materia orgánica y las primeras células:
   a. coacervado
   b. eucariote
   c. LUCA
   d. procariote
   e. sulfobacteria

7. ¿Cuándo apareció la especie *Homo sapiens*?
   a. hace 1.8 millones de años
   b. hace 65 millones de años
   c. hace 243 millones de años
   d. hace 18 000 años
   e. hace 100 000 años

8. ¿Cuál es la fuente más importante de hierro fisiológico para la síntesis de la hemoglobina y la producción de eritrocitos?
   a. albúmina
   b. bilirrubina
   c. ferritina
   d. globina
   e. transferrina

9. ¿Cómo es que el carbono entra al mundo biológico?
   a. degradado por los heterótrofos
   b. fijado por los autótrofos
   c. oxidado por las Rhizobium
   d. reciclado en las erupciones volcánicas
   e. reducido por las cianobacterias

10. ¿Cómo se llaman los organismos que viven en suspensión y se trasladan pasivamente con las corrientes de agua?
    a. bentos
    b. necton
    c. neuston
    d. plancton
    e. pleuston

11. Únicos mamíferos no placentarios:
    a. aves
    b. euterios
    c. marsupiales
    d. monotremas
    e. peces

12. ¿Cuántas hembras fecundas hay en una colmena?
    a. 0
    b. 1
    c. 2
    d. centenas
    e. decenas

13. ¿Cómo se llama la especiación que ocurre cuando una especie nueva emerge en la misma área geográfica?
    a. alopátrica
    b. gastrocnémica
    c. gastronómica
    d. homeopática
    e. simpátrica

14. ¿Qué es la enfermedad de Addison?
    a. el síndrome de Cushing
    b. insuficiencia cardiaca congénita
    c. insuficiencia corticosuprarrenal
    d. la sordera congénita
    e. una complicación de la diabetes insípida

15. ¿En qué etapa del ciclo celular se sintetizará la DNA polimerasa?
    a. G_O
    b. G_1
    c. G_2
    d. M
    e. S

16. ¿Qué músculo traza los límites entre el abdomen y el tórax?
    a. bíceps
    b. diafragma
    c. intercostal
    d. cuádriceps
    e. recto

17. ¿Qué es la carboxihemoglobina?
    a. hemoglobina que está transportando CO
    b. hemoglobina que está transportando CO_2
    c. hemoglobina que está transportando CO_3^{2-}
    d. hemoglobina que está transportando H_2CO_3
    e. hemoglobina que está transportando NO

18. ¿Qué órgano produce los estrógenos?
    a. hipófisis
    b. hipotálamo
    c. ovario
    d. oviductos
    e. útero

19. ¿De qué tejido está hecho el parénquima de las glándulas?
    a. conectivo
    b. epitelial
    c. muscular
    d. nervioso
    e. sangre

20. ¿Qué presenta endoneuro, perineuro, y a veces también epineuro?
    a. el cerebro
    b. la médula espinal
    c. un ganglio linfático
    d. un ganglio nervioso
    e. un nervio periférico

21. En el microscopio, ¿de dónde sale ya enfocado el haz de luz que ilumina el objeto estudiado?
    a. de la fuente de luz
    b. del condensador
    c. del diafragma iris
    d. del objetivo
    e. del ocular

22. ¿Dónde se forman los espermatozoides?
    a. conducto deferente
    b. epidídimo
    c. intersticio testicular
    d. túbulo seminífero
    e. vesícula seminal

23. ¿Cuántos cromosomas tiene el humano en sus células somáticas?
    a. 21
    b. 22
    c. 23
    d. 45
    e. 46

24. Son componentes transparentes del ojo:
    a. cristalino y córnea
    b. iris y retina
    c. pupila y retina
    d. retina y cristalino
    e. vítreo e iris

25. ¿Qué clase de secreción efectúa la célula β del islote pancreático?
    a. glucagón
    b. hormona del crecimiento
    c. insulina
    d. pancreocimina
    e. somatostatina

26. ¿Cuál de los siguientes es un valor normal sano del número de eritrocitos en la sangre humana?
    a. 5 000 000 por mL
    b. 5 000 000 por mm^3
    c. 5 000 000 000 por mm^3
    d. 5 000 000 000 por mL
    e. 5 000 000 000 000 por mm^3

27. ¿Qué producen los ameloblastos?
    a. cemento
    b. dentina
    c. esmalte
    d. hueso
    e. miel

28. ¿Qué nervio lleva al cerebro la información especial de la olfación?
    a. I par craneal
    b. II par craneal
    c. VII par craneal
    d. VIII par craneal
    e. IX par craneal

29. ¿Dónde se sintetiza el líquido cefalorraquídeo?
    a. espacio subaracnoideo
    b. piamadre
    c. plexos coroides
    d. túbulo coroideo
    e. túbulo seminífero

30. Pasaje aéreo, esfínter, y órgano de la fonación:
    a. la faringe
    b. la laringe
    c. la lengua
    d. la tráquea
    e. los pulmones

31. ¿Quién secreta la hormona del crecimiento?
    a. el hipotálamo
    b. la adenohipófisis
    c. la glándula suprarrenal
    d. la neurohipófisis
    e. la pineal

32. ¿Cuántos días circula un eritrocito?
    a. 30
    b. 60
    c. 70
    d. 120
    e. 150

33. ¿A dónde vierten su secreción las glándulas endócrinas?
    a. a ningún lado
    b. a sus conductos interlobulillares
    c. a sus conductos intralobulillares
    d. al infundíbulo del acino
    e. al sistema circulatorio

34. ¿Cuál es la principal célula productora de factor intrínseco?
    a. colangiocito
    b. hepatocito
    c. Paneth
    d. parietal
    e. principal

35. ¿Cuánto crece como máximo una niña después de su menarca?
    a. 7.5 cm
    b. depende de la dieta
    c. depende de la edad
    d. depende de los genes
    e. es tan variable que no puede predecirse

36. ¿Cuál es el destino inmediato de la pared del folículo que contenía al oocito que se ovuló?
    a. da más folículos
    b. da más oocitos
    c. involuciona por apoptosis
    d. se reabsorbe
    e. se convierte en cuerpo lúteo

37. ¿De dónde derivan todos los macrófagos?
    a. amibas
    b. linfocito
    c. megacariocito
    d. monocito
    e. neutrófilo

38. ¿Qué resulta de la mitosis?
    a. dos células aproximadamente idénticas
    b. dos células diametralmente diferentes
    c. dos células diametralmente opuestas
    d. dos células genéticamente diferentes
    e. dos células genéticamente idénticas

39. ¿Cuál es la organela de la respiración?
    a. complejo de Golgi
    b. mitocondria
    c. peroxisoma
    d. retículo endoplasmático liso
    e. ribosoma

40. ¿Cómo se llaman las estructuras mediante las cuales respiramos?
    a. alveolos
    b. bronquios
    c. bronquiolos terminales
    d. carinas
    e. narinas

41. ¿Qué célula vive dentro de la laguna de Howship?
    a. célula plasmática
    b. fibroblasto
    c. neurona
    d. osteocito
    e. osteoclasto

42. Paciente de 37 años en el servicio de Urgencias del Hospital Central con infarto agudo del miocardio. ¿Qué está anormalmente elevado?
    a. cloro
    b. glucosa
    c. HDL
    d. LDL
    e. triglicéridos

43. ¿Qué vitamina es fundamental para el correcto cierre del tubo neural?
    a. ácido ascórbico
    b. ácido fólico
    c. ácido pantoténico
    d. vitamina A
    e. vitamina B2

44. La expresión observable del material genético en la apariencia de la persona se llama:
    a. alelo
    b. cromosoma
    c. fenotipo
    d. genotipo
    e. locus

45. Célula en meiosis:
    a. epitelio germinal ovárico
    b. espermátide
    c. espermatozoide
    d. oocito
    e. oogonia

46. ¿Qué cubre la mayor parte de la superficie externa de la raíz de un diente?
    a. cemento
    b. esmalte
    c. hueso
    d. ligamento periodontal
    e. pulpa

47. ¿Qué llena el espacio que hay entre el laberinto óseo y el laberinto membranoso?
    a. agua
    b. aire
    c. endolinfa
    d. perilinfa
    e. semen

48. ¿Dónde se produce el líquido cefalorraquídeo?
    a. canal medular
    b. matriz interterritorial
    c. plexos coroides
    d. procesos ciliares
    e. seno subcapsular

49. ¿Cuánto dura el embarazo humano normal de término?
    a. aproximadamente 210 días
    b. aproximadamente 250 días
    c. aproximadamente 270 días
    d. aproximadamente 290 días
    e. aproximadamente 310 días

50. ¿Cuánto mide un recién nacido normal de término?
    a. 25 cm
    b. 35 cm
    c. 52 cm
    d. 65 cm
    e. 69 cm

51. ¿Cuál es un mesotelio?
    a. endotelio aórtico
    b. endotelio corneal
    c. hoja parietal de la cápsula de Bowman
    d. lámina de Bowman
    e. pleura

52. ¿Qué células habitan en el tejido intersticial del testículo?
    a. células de Leydig
    b. células de Sertoli
    c. espermatocitos
    d. espermatogonias
    e. todas las anteriores

53. ¿Qué fase endometrial sigue inmediatamente a la menstruación?
    a. catamenial
    b. decidual
    c. progestacional
    d. proliferativa
    e. secretora

54. ¿Qué hormona es la responsable directa de la ovulación?
    a. cortisol
    b. gonadotropina coriónica humana
    c. hormona foliculostimulante
    d. hormona luteinizante
    e. progesterona

55. ¿En qué órgano se encuentran las fibras musculares lisas más grandes?
    a. corazón
    b. cordón umbilical
    c. ovario
    d. piel
    e. útero

56. ¿Cuáles son las células efectoras de la inmunidad de tipo celular?
    a. célula dendrítica
    b. célula reticular
    c. linfocito B
    d. linfocito T
    e. macrófago

57. La amilasa degrada el almidón y el glucógeno desdoblándolos en:
    a. fructosa
    b. lactasa
    c. lactosa
    d. maltasa
    e. maltosa

58. ¿Cuál es el hematocrito normal?
    a. 48 por ciento
    b. 62 por ciento
    c. 75 por ciento
    d. 81 por ciento
    e. 99 por ciento

59. ¿Cuál es la subunidad estructural de las fibras de colágena?
    a. elastina
    b. paracolágena
    c. renina
    d. tropocolágena
    e. valina

60. ¿En qué estadio del desarrollo meiótico se encuentra el oocito al momento de la ovulación?
    a. anafase II
    b. dictioteno
    c. metafase I
    d. metafase II
    e. profase I

61. ¿Qué célula tiene como función principal la presentación de antígenos?
    a. basófilo
    b. eritrocito
    c. linfocito T
    d. macrófago
    e. plasmática

62. ¿Cuál es el triplete inicial del mRNA maduro?
    a. AUG
    b. UAC
    c. UAG
    d. UGA
    e. UUU

63. Con respecto a las proteínas transportadoras.
    a. al funcionar no necesitan de un cambio conformacional
    b. solo llevan a cabo transporte activo
    c. solo tienen capacidad de realizar transporte pasivo
    d. su presencia conduce a un cambio en el potencial de membrana
    e. transportan solutos a favor y en contra del gradiente de concentración

64. El glucocálix:
    a. es una cubierta de glucolípidos, glucoproteínas y proteoglucanos de la membrana citosólica
    b. es una cubierta de hidratos de carbono indispensable en el movimientos de fosfolípidos
    c. le da mayor estabilidad a la membrana celular
    d. participa en el reconocimiento y adhesión celular
    e. protege a la célula contra agresiones químicas intracelulares

65. ¿En qué organela se ubica el citocromo P-450 (CYP)?
    a. Golgi
    b. mitocondria
    c. peroxisoma
    d. retículo endoplasmático rugoso
    e. ninguna de las anteriores

66. ¿Cuál frase describe mejor la disposición microtubular del cilio?
    a. nueve duplas
    b. nueve duplas + un par central
    c. nueve duplas + un par central + una trama de microfilamentos
    d. nueve microtúbulos
    e. nueve tripletes

67. ¿Cómo se explica la acción biológica de las proteínas?
    a. por su composición atómica
    b. por su estructura tridimensional
    c. por su número de enlaces covalentes
    d. por su pH
    e. por su resonancia

68. La bomba de sodio/potasio posee ____ sitios de unión para Na^+ y ____ para K^+.
    a. dos   dos
    b. tres   dos
    c. tres   tres
    d. tres   uno
    e. uno   tres

69. ¿Cuál es el principal almacén energético normal del cuerpo humano adulto?
    a. cartílago hialino
    b. músculo estriado cardiaco
    c. músculo estriado esquelético
    d. tejido adiposo unilocular
    e. tejido nervioso (sustancia gris)

70. Un impulso motor viajando en condiciones normales dentro de una neurona desde el dedo gordo del pie derecho hacia la médula espinal es:
    a. aferente
    b. anterógrado
    c. eferente
    d. imposible
    e. retrógado

71. ¿Qué nombre reciben los conjuntos de células?
    a. aparatos
    b. clones
    c. órganos
    d. sistemas
    e. tejidos

72. ¿A dónde van a parar la mayoría de las lágrimas?
    a. a la conjuntiva
    b. a la nariz
    c. al alma
    d. al canal de Schlemm
    e. se evaporan

73. ¿Qué organela limita a la célula?
    a. complejo de Golgi
    b. plasmalema
    c. retículo endoplasmático liso
    d. retículo endoplasmático rugoso
    e. ribosoma

74. ¿Cuál de los siguientes NO es un ejemplo de tejido fundamental?
    a. conectivo laxo
    b. epitelio cúbico simple
    c. músculo estriado cardiaco
    d. nervioso (sustancia blanca)
    e. óseo compacto

75. ¿Cuál de las siguientes enfermedades no puede tratarse con antibióticos?
    a. brucelosis
    b. diarrea por E. coli
    c. estreptococosis
    d. gripe
    e. sífilis

76. ¿Cuál es el diámetro de la hebra del DNA en el modelo de la doble hélice de Watson y Crick?
    a. 2 nm
    b. 3.4 nm
    c. 10 nm
    d. 24 nm
    e. 30 nm

77. ¿Cuál es la conducta más eficaz para evitar el contagio por el VIH?
    a. el uso de preservativo (Condón)
    b. la ducha vaginal
    c. la píldora del día siguiente
    d. no aceptar transfusiones de personas desconocidas
    e. no tener contacto con prostitutas

78. ¿Cuál es el agente causal de la enfermedad de Chagas?
    a. *Borrelia burgdorferi*
    b. *Leishmania donovani*
    c. *Toxoplasma gondii*
    d. *Trypanosoma cruzi*
    e. *Viannia guyanensis*

79. ¿Cuál es el modelo aceptado para explicar la membrana citoplasmática?
    a. modelo del mosaico fluido
    b. modelo del sándwich
    c. modelo glucosilado
    d. modelo liposomal
    e. unidad de membrana

80. ¿Cuándo se habla de periodo embrionario?
    a. antes de la fecundación
    b. antes de la implantación
    c. cuando se refiere a las dos primeras semanas del desarrollo
    d. cuando se refiere a las nueve primeras semanas del desarrollo
    e. cuando se refiere a las ocho primeras semanas del desarrollo

81. Se considera como un rasgo de herencia ligado al sexo:
    a. color de ojos
    b. diabetes
    c. hemofilia
    d. síndrome de Down
    e. tipo sanguíneo

82. ¿Cuál es la vena de mayor calibre del cuerpo?
    a. aorta
    b. cava
    c. iliaca
    d. porta
    e. yugular

83. Durante la contracción del músculo estriado esquelético:
    a. desaparece línea M
    b. la línea Z permanece inalterada
    c. la longitud de la sarcómera se incrementa
    d. se acorta la banda A
    e. se incrementa la banda H

84. ¿Cuándo hacen su aparición (erupción) en la cavidad bucal los primeros dientes primarios?
    a. 1.5 años
    b. 3 años de edad
    c. 6 - 8 meses de edad
    d. 16 años
    e. poco antes del nacimiento

85. ¿Qué estudia la técnica del Northern blot?
    a. DNA
    b. DNA polimerasa
    c. oligonucleótidos solubles
    d. proteínas
    e. RNA

86. ¿Qué tejido es el precursor fetal de la mayor parte de los huesos?
    a. cartílago
    b. conectivo
    c. epitelial
    d. muscular
    e. nervioso

87. ¿Cuántos tipos celulares contiene el cuerpo humano?
    a. más de 200
    b. más de 300
    c. más de 400
    d. más de 500
    e. más de 600

88. ¿De qué órgano es característica la célula de Purkinje?
    a. cerebelo
    b. cerebro
    c. corazón
    d. ganglio linfático
    e. médula espinal

89. Las sarcómeras del músculo liso:
    a. incluyen una banda A y dos bandas I
    b. incluyen una banda A y dos hemibandas I
    c. no existen
    d. van de una línea Z a otra línea Z
    e. van de una banda I a otra banda I

90. ¿Cuál es el diámetro de un eritrocito?
    a. 7.5 Å
    b. 7.5 µm
    c. 7.5 mm
    d. 7.5 nm
    e. 7.5 pm

91. ¿Cuál es el cariotipo del síndrome de Turner?
    a. 45, X
    b. 46, X0
    c. 46, XX
    d. 47, XXX
    e. 47, XXY

92. ¿Cuál es el mecanismo más común, en un microambiente materno normal, para la generación de gemelos dicigóticos?
    a. bipartición de la mórula
    b. doble ovulación
    c. fraccionamiento del cigoto
    d. polispermia
    e. superfetación

93. ¿Qué es una fibra muscular?
    a. un fascículo muscular
    b. un fascículo muscular y su aponeurosis
    c. un músculo nominado
    d. una célula muscular
    e. una placa motora

94. ¿Qué es lo opuesto a la mitosis en lo que a regulación del tamaño tisular se refiere?
    a. apoptosis
    b. autoinmunoataque
    c. meiosis
    d. morfogénesis
    e. necrosis

95. ¿Cómo se llama un vaso sanguíneo cuyo flujo se aleja del corazón?
    a. arteria
    b. cava
    c. linfático
    d. vena
    e. vénula

96. ¿Cuántos tipos de leucocitos existen en la sangre?
    a. cinco
    b. cuatro
    c. seis
    d. tres
    e. uno

97. ¿Cuál es el componente mineral de los tejidos duros del cuerpo?
    a. colágena
    b. cristales de apatita
    c. cristales de hidroxiapatita
    d. metenamina de plata
    e. oxalato de calcio

98. ¿Qué de lo siguiente no es parte del sistema nervioso central?
    a. hipotálamo
    b. médula espinal
    c. nervio trigémino
    d. puente
    e. tallo

99. ¿Cuál es la cantidad total de sangre en un adulto normal sano?
    a. 5 litros
    b. 25 litros
    c. 50 litros
    d. 500 ml
    e. 5 000 000 de litros

100. ¿Qué de lo siguiente forma parte del tegumento?
    a. cerebro, médula espinal, nervios
    b. hipotálamo, pituitaria, tiroides, glándula suprarrenal, timo y páncreas
    c. huesos, cartílagos, ligamentos
    d. músculos, tendones
    e. piel, pelo, uñas

101. En condiciones normales, ¿cuál es el contenido de la vesícula seminal?
    a. espermatozoides
    b. el producto de su secreción
    c. licor prostático
    d. moco
    e. orina

102. ¿Quién sintetiza la tirocalcitonina?
    a. célula C
    b. célula de Leydig
    c. célula folicular
    d. célula principal
    e. pinealocito

103. ¿Cuál es la inmunoglobulina con mayor concentración circulante en el cuerpo humano?
    a. IgA
    b. IgD
    c. IgE
    d. IgG
    e. IgM

104. ¿Cuál de las siguientes porciones de una inmunoglobulina NO participa en la unión con un determinante antigénico?
    a. cadena ligera
    b. cadena pesada
    c. fragmento Fab
    d. fragmento Fc
    e. región hipervariable de la cadena ligera

105. ¿Dónde sucede la implantación normal?
    a. fimbrias
    b. fondo de saco de Douglas
    c. fórnix de la vagina
    d. región ampular de la trompa uterina
    e. útero

106. ¿Cuál célula es multinucleada?
    a. bordeante ósea
    b. osteoblasto
    c. osteocito
    d. osteoclasto
    e. osteoprogenitora

107. ¿Cuál es el grupo funcional en la molécula R-CO-O-R'?
    a. aldehído
    b. carboxilo
    c. cetona
    d. éster
    e. éter

108. Los _____ describen completamente a un electrón específico dentro de un átomo.
   a. isótopos
   b. niveles y subniveles
   c. números atómicos
   d. números cuánticos
   e. pesos atómicos

109. ¿Qué es NiAs?
   a. arsenato niquélico
   b. arsenato niqueloso
   c. arsenito niquélico
   d. arseniuro niquélico
   e. arseniuro nítrico

110. ¿Qué enlace resulta de atracciones electrostáticas entre átomos?
   a. enlace covalente
   b. enlace covalente coordinado
   c. enlace de van der Waals
   d. enlace iónico
   e. enlace salino

111. Determinar la configuración del ^{14}C.
   a. 6 protones, 6 neutrones y 6 electrones
   b. 6 protones, 6 neutrones y 8 electrones
   c. 6 protones, 8 neutrones y 6 electrones
   d. 7 protones, 7 neutrones y 7 electrones
   e. 8 protones, 6 neutrones y 6 electrones

112. ¿Cómo se llama el radical Ni^{2+}?
   a. niquelante
   b. niquélico
   c. niqueloso
   d. niqueluro
   e. niquilo

113. ¿Cuál es la valencia del radical mercuroso?
   a. -2
   b. -1
   c. 0
   d. +1
   e. +2

114. ¿Cuál de las siguientes moléculas es el naftaleno?
   a.
   b.
   c.
   d.
   e.

115. ¿Cuál es llamado el gas de los pantanos?
   a. butano
   b. etano
   c. metano
   d. pentano
   e. propano

116. Se caracterizan por tener un pH alcalino, que resulta en un valor superior a 7 en la escala, EXCEPTO:
   a. álcalis
   b. bases
   c. hidrocarburos
   d. hidróxidos
   e. sosa cáustica

117. ¿Qué elemento tiene el número atómico tres en la tabla periódica?
   a. berilio
   b. boro
   c. helio
   d. hidrógeno
   e. litio

118. Cuando tenemos el mismo número de átomos en los dos miembros de una ecuación química se dice que está...
   a. balanceada
   b. completa
   c. simbolizada
   d. sincronizada
   e. sintonizada

119. ¿Qué se desprende de la reacción que se produce entre el cinc y el ácido sulfúrico cuando se combinan?
   a. agua
   b. CO_2
   c. hidrógeno
   d. oxígeno
   e. sulfato de cinc

120. Que a cada fuerza aplicada le corresponde una fuerza en la dirección opuesta es:
   a. ley de Hooke
   b. primera ley de la termodinámica
   c. segunda ley de la termodinámica
   d. tercera ley de la termodinámica
   e. tercera ley de Newton

121. ¿Cuál es la aceleración de un auto que va viajando a 90 km/h y frena a 40 km/h en 5.0 s?
   a. -26 m/s^2
   b. -2.8 m/s^2
   c. 2.8 m/s^2
   d. 9.8 m/s^2
   e. 26 m/s^2

122. Exprese 0.7 μm en nm:
   a. 0.007
   b. 0.07
   c. 7
   d. 70
   e. 700

123. ¿Cuántos centímetros hay en 26 pulgadas?
   a. 52
   b. 58.5
   c. 65
   d. 66
   e. 78

124. ¿A cuánto equivale un Ångstrom?
   a. $Å = 1 \times 10^{-12} \text{ m}$
   b. $Å = 1 \times 10^{-11} \text{ m}$
   c. $Å = 1 \times 10^{-10} \text{ m}$
   d. $Å = 1 \times 10^{-9} \text{ m}$
   e. no tiene equivalencia

125. ¿Cuántos centímetros cúbicos caben en un litro?
   a. 1
   b. 10
   c. 100
   d. 1 000
   e. 10 000

126. Si la densidad relaciona masa / volumen, ¿cuál de las opciones describe mejor a lo que se le llamará densidad lineal?
   a. a la longitud ocupada por una cierta masa
   b. al peso de una línea, cable o alambre, de un material
   c. es la relación entre dos superficies
   d. es una velocidad promedio calculada siempre en una hora
   e. no existe ese concepto

127. Señale cuál de los siguientes procesos sí es posible:
   a. 12 onzas - 4 centímetros cuadrados
   b. 17 litros + 2 kilogramos
   c. 25 metros + 12 kilogramos
   d. 30 acres - 140 metros
   e. 57 pies + 2 kilómetros

128. Se define como la resistencia de un líquido a fluir debida a la dificultad que presentan las moléculas de los líquidos para moverse unas sobre otras:
   a. adherencia
   b. atracción
   c. capilaridad
   d. tensión superficial
   e. viscosidad

129. ¿Cuál es la masa exacta de un gramo?
   a. 0.001 kg
   b. 1 mL de agua
   c. 1 mL de agua químicamente pura
   d. 10 000 mg
   e. 12 000 pg

130. ¿Cuál es la naturaleza de los rayos alfa?
    a. dos protones y dos neutrones
    b. electrones de alta energía
    c. fotones de alta energía
    d. partícula ionizante que se origina secundariamente al rebote de una primera
    e. radiación electromagnética

131. Resuelva la ecuación: $(x + {}^-4)(x + 4) = 0$
    a. $x = 0$
    b. $x = 0$ o $x = 4$
    c. $x = 4$ o $x = -4$
    d. $x = 8$
    e. $x = 16$

132. ¿Cuál de los siguientes NO es subconjunto propio de K si K = {l, m, n}
    a. { }
    b. {l, m}
    c. {l, m, n}
    d. {l, n}
    e. {m, n}

133. ¿Cuál de las siguientes cifras NO está expresada en notación científica estándar?
    a. -6.54×10^{-14}
    b. 1.014×10^{-22}
    c. 1.17×10^4
    d. 3.14×10^{25}
    e. 9.98×10^{1324}

134. ¿Qué es π?
    a. diámetro de una circunferencia/perímetro de la misma circunferencia
    b. diámetro de una circunferencia x perímetro de la misma circunferencia
    c. perímetro de una circunferencia/diámetro de la misma circunferencia
    d. perímetro de una circunferencia/radio cuadrado de la misma circunferencia
    e. radio cuadrado de una circunferencia/perímetro de la misma circunferencia

135. ¿Cuántos subconjuntos tiene S? S = {a, b, c}
    a. cinco
    b. cuatro
    c. ocho
    d. seis
    e. siete

136. ¿Cuál de las siguientes ecuaciones representa una circunferencia?
    a. $2x^2 - 2y^2 = 12$
    b. $x + 2y - 3 = 0$
    c. $x^2 + 2y^2 = 4$
    d. $x^2 + y^2 = 9$
    e. $y^2 = 4x$

137. ¿Cuál es el valor positivo que debe tomar x para que la distancia entre los puntos A(x, -1) y B(1, 3) sea igual a 5?
    a. -2
    b. 1
    c. 2
    d. 4
    e. 6

138. ¿Cuáles son los números completos?
    a. ...-3, -2, -1
    b. ...-2, -1, 0, 1, 2...
    c. 0, 1, 2, 3...
    d. 1, 2, 3, 4...
    e. 1, 2, 3, 5...

139. ¿Qué opción describe correctamente la multiplicación de 23 400 por 17 000 000 ?
    a. $(2.34 \times 10^2)(1.7 \times 10^7)$
    b. $(2.34 \times 10^3)(1.7 \times 10^7)$
    c. $(2.34 \times 10^4)(1.7 \times 10^5)$
    d. $(2.34 \times 10^4)(1.7 \times 10^6)$
    e. $(2.34 \times 10^4)(1.7 \times 10^7)$

140. Considerando las cifras significativas, ¿qué resulta de $(8.22 \times 10^{-12} \text{ m}^2) \times (2.2 \times 10^{-3} \text{ m/kg})$?
    a. 1.8×10^{-16} m³/kg
    b. 1.8×10^{-15} m³/kg
    c. 1.8×10^{-14} m³/kg
    d. 18 m³/kg
    e. 18×10^{-14} m³/kg

141. ¿A qué corresponde el resultado kg/m³?
   a. dos mediciones
   b. el gasto de un sistema hidráulico
   c. momento lineal
   d. un flujo
   e. una densidad

142. Divida 2.6×10^8 entre 1.3×10^{12}.
   a. 0.5×10^{-4}
   b. 0.5×10^4
   c. 2×10^{-4}
   d. 2×10^4
   e. 3.3×10^{20}

143. ¿Cuál es el rango para el conjunto de cifras: 9, 2, 1, 10?
   a. 0
   b. 1
   c. 5
   d. 9
   e. 10

144. De acuerdo con la gráfica los datos tienen una mayor _____ en la curva C que en las curvas A y B.

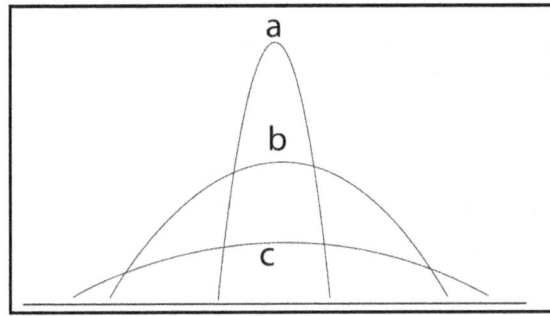

   a. concentración
   b. dispersión
   c. distribución
   d. equivalencia
   e. semejanza

145. ¿Cuál es la probabilidad de lanzar un dado y que este caiga en 6?
   a. 1/3
   b. 2/6
   c. 2/12
   d. 5/6
   e. 6/6

146. La siguiente imagen es un ejemplo de:

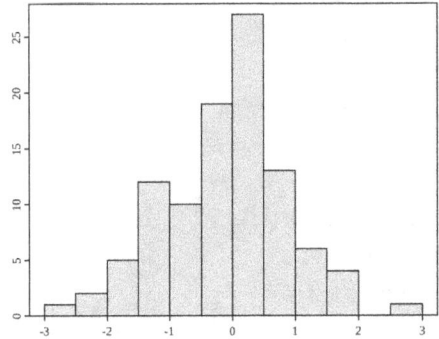

   a. diagrama de barras
   b. gráfica de barras
   c. histograma
   d. ojiva
   e. polígono de frecuencias

147. You are messing around:
   a. You are coming old
   b. Your are making a mess
   c. You are studying thoroughly
   d. You are walking around
   e. You are wasting time

148. What is to come up with?
   a. to count on you
   b. to have an idea
   c. to know yourself
   d. to mount into a car
   e. to mount into something

149. What is a person's charm?
   a. ability to dominate the people
   b. ability to delight other people
   c. highest degree of education
   d. nationality
   e. wisdom

150. To be weird means:
   a. to be clever
   b. to be handsome
   c. to be schizophrenic
   d. to be strange
   e. to be young

151. The game is flawed.
    a. the game has a built-in mistake
    b. the game is mischievous
    c. the game is tilt
    d. the game is treacherous
    e. the game is wet

152. Something awkward is:
    a. something big
    b. something lousy
    c. something noisy
    d. something small
    e. something uncomfortable

153. I dropped out school means...
    a. I ate at school
    b. I live in the school
    c. I painted the school
    d. I quit the school
    e. I sign on school

154. I am flattered.
    a. I am fat
    b. I am slim
    c. I feel flat
    d. I feel good
    e. I feel tired

155. How do you call a person that cannot concentrate on what he is doing?
    a. ass hole
    b. clever
    c. distracted
    d. fool
    e. smart

156. Find a drivel:
    a. Armstrong walked on the Moon
    b. Christopher Columbus was born somewhere in Europe
    c. I ate green handkerchiefs
    d. I love apples
    e. That guy Newton, he was correct

157. What does the word "actually" mean?
    a. at the present time
    b. here
    c. not
    d. truly
    e. when

Crichton informative and candid at HMS

By Beth Potier

Michael Crichton '66, HMS '69, best-selling author and blockbuster director, came to Harvard Medical School Thursday, April 11, 2008, to deliver a lecture advertised as exploring the busy intersection of "The Media & Medicine." Instead, Crichton shared insider knowledge on Hollywood politics, making "ER," and mechanical dinosaurs.

Crichton was cynical but unapologetic about the realities of creating popular culture. "People always ask me 'Why are movies so bad?' I know the answer to that," he promised. "I can also tell you what happened to the intellectual content in 'Jurassic Park'... and what's going to happen next on 'ER.'" Crichton's talk was the third biannual W.H.R. Rivers Distinguished Lecture in Social Medicine, a series supported by a fund that bears his name.

The lanky, self-effacing author of "The Andromeda Strain" and "Timeline" told the audience - primarily medical students - that "it's nice to be back at medical school, which is something you can feel after you've been away for several decades." Crichton, who said he tried repeatedly to drop out of medical school, never practiced medicine, choosing a career path that led him to Hollywood instead. Involved in some of Hollywood's most popular movies, including "Coma" and "Jurassic Park," Crichton offered his jaded if realistic perspective on the industry.

"Showbiz is a business," he said. "It has lost very much contact with audiences and their needs and demands." Crichton de-glamourized movie making with tales of Steven Spielberg's career path, explaining that even Hollywood's most successful director had to kowtow to the studios, agreeing to make "Jurassic Park" so that they would let him direct the much weightier "Schindler's List." "Someone like me, who's quite a bit farther down in the pecking order, is always scrambling," said Crichton.

The industry's obsession with first-weekend box-office totals and the post-release foreign and video markets drives the content of movies. "The conditions of creativity have deteriorated substantially," he said.

The making of 'ER'

Paradoxically, Crichton said, one can win back creativity by avoiding a smash hit. "If you want to be completely left alone to do your movie, the best thing that can happen is that the studio or network doesn't believe in it," he said. "ER," the top-rated television drama for each of its eight seasons, was born of this paradox. Originally conceived as a movie script based on Crichton's rotation at Massachusetts General Hospital, "ER" languished for decades until Spielberg bought the rights "because he heard that I was writing a dinosaur story and he wanted that," said Crichton wryly.

NBC grudgingly agreed to produce a pilot but the network executives were so convinced of its failure, certain that audiences would never keep up with its fast pace and technical nature, that they turned their backs on Crichton and his co-producer John Wells. The network's abandonment was the program's gift, Crichton said, as it granted them the freedom to create the show exactly as they liked.

Crichton elicited knowing chuckles from his audience as he described coaching actors to become doctors, training them to rattle off lab results instead of treating them like dramatic dialogue. "Actors are trained to look at faces when they talk," Crichton said. "I said 'no, no, you're supposed to look at the injury… because that's what you're there for, you're the doctor.'"

His own training as a doctor has served him - and the award-winning series - well by putting him firmly in touch with the true stories that provide the show's dramatic core. "That, I think, is a legacy of having been trained at an institution like this," he said.

Medical school also boosted his sense of empathy and caring for people, a rare commodity in "a business primarily marked by selfishness," he said. His own experience in the ER is represented by the characters of Dr. Greene and Dr. Carter. There's a practical element to his medical training, as well. "I was also really able to stand on my feet for a very long time," said Crichton. "It turns out, if you're going to direct, that's one of the most useful talents."

Media and medicine?

Crichton fielded audience questions about his career change from medicine to entertainment, his habits as a writer, and the power of media to affect science awareness or social health policy. On the latter, he was decidedly downbeat. "I don't believe that movies lead the way in major social ideas," he said, acknowledging that a well-crafted campaign such as the School of Public Health's designated-driver effort can effectively marshal Hollywood's might for social message. "I tend to believe that the media is the way to drive the nail the last quarter-inch. It's not the way you put the nail in the board with the first couple whacks."

Copyright 2002 by the President and Fellows of Harvard College

158. How old was Michael Crichton at the time of the published article?
 a. 40
 b. 42
 c. 55
 d. 66
 e. 69

159. On what hospital is based the original script of the ER series?
   a. Albert Einstein Memorial Hospital
   b. Chicago Cook County Hospital
   c. Detroit Memorial Hospital
   d. Los Angeles County Hospital
   e. Massachusetts General Hospital

160. When did Dr. Crichton graduate from Medical School?
   a. 1940
   b. 1958
   c. 1966
   d. 1969
   e. 2002

161. According to Crichton, how can you get your movie not overseen?
   a. being born European
   b. living in LA
   c. only if the studio does not wait much of it
   d. only if the studio is completely sure it is going to be a success
   e. studying medicine

162. How is Dr. Crichton described?
   a. a pain in the arse
   b. a pale short man
   c. a very silent and tall man
   d. an exuberant guy
   e. thin and tall and modest and shy

163. How is Dr. Crichton present perspective about the cinema business?
   a. hopeless and pessimistic
   b. tedious and unreal
   c. non existent
   d. worn but not real
   e. worn but realistic

164. How long did Dr. Crichton have been away from Harvard?
   a. he never left Harvard
   b. few months
   c. few years
   d. several decades
   e. some years

165. Was Steven Spielberg wishful of making Jurassic Park?
   a. being Schindler's list a great success he got the right to direct Jurassic Park
   b. not at all. He did it to get the right to direct Schindler's list
   c. only after they reached his price
   d. Spielberg wrote Jurassic Park when he was a kid, thinking of doing a movie later sometime
   e. yes, he was

---

166. Sticky stuff:
   a. act
   b. error
   c. goop
   d. hair
   e. term

167. Prague native:
   a. Bulgar
   b. Czech
   c. Hungarian
   d. Polish
   e. Russian

168. Throat dangler:
   a. ebon
   b. eraser
   c. rake
   d. uvula
   e. zloty

169. Paintings must have rigid stretchers so that the canvas will be ____ , and the paint must not deteriorate, crack, or discolor.
    a. distributed
    b. overcome
    c. taut
    d. tend
    e. weight

170. You can understand a lot about how a person is feeling by examining his ____ language.
    a. accent
    b. body
    c. native
    d. speech
    e. tongue

171. Almost everyone fails ____ the driver's test on the first tray.
    a. in passing
    b. passing
    c. to
    d. to have passed
    e. to pass

172. Which one is an adverb?
    a. fat
    b. hang up
    c. lies
    d. slowly
    e. teacher

173. Siena is an old, picturesque city located in the hills of Tuscany. <u>Even though</u> its inhabitants live modern lives, many historical markers from as far back as medieval Italy still remain throughout the city. Which of the following alternatives to the underlined portion would be LEAST acceptable?
    a. Although
    b. Even when
    c. Though
    d. When
    e. While

174. Complete the following dialogue:
    —There is a great restaurant at the Crown Plaza.
    —
    a. At eight o'clock.
    b. How are you?
    c. Really? I want to go there.
    d. Where are you from?
    e. Who's that.

175. ¿Quién es el autor de *Baudolino*?
    a. Alice Munro
    b. Jerzy Kosinski
    c. Tom Clancy
    d. Toni Morrison
    e. Umberto Eco

176. ¿Qué parte de la oración es "azul" en la expresión "libro azul"?
    a. adjetivo
    b. adverbio de color
    c. artículo
    d. preposición
    e. sustantivo

177. ¿Cuál es la preposición que falta en a, ante, bajo, con, contra, de, desde, durante, en, entre, hacia, hasta, mediante, para, por según, sin, so, sobre, tras, versus, vía?
    a. cabe
    b. cabo
    c. cual
    d. cupo
    e. cuyo

178. ¿Qué significa hebdomadario?
    a. desértico
    b. endócrino
    c. intestinal
    d. sanguíneo
    e. semanal

179. ¿Qué es un grave error del entendimiento?
    a. un abenuz
    b. un cachivache
    c. una abéñula
    d. una aberración
    e. una barraganada

180. ¿De dónde es un jarocho?
   a. Jalpa
   b. Jerusalén
   c. Xalapa
   d. Xilitla
   e. Veracruz

181. ¿Cuál es uno de los significados de la palabra solariego?
   a. antiguo y noble
   b. cauteloso y malicioso
   c. divertido, ocioso
   d. revestido con ladrillos
   e. unido

182. ¿Quién es el autor de *El zoo humano*?
   a. Antoine de Saint-Éxupéry
   b. Aristóteles
   c. Desmond Morris
   d. Miguel de Unamuno
   e. William Shakespeare

183. ¿Cuál es el artículo neutro singular del español?
   a. en
   b. hay
   c. lo
   d. otro
   e. un

184. El pospretérito del verbo haber conjugado en la segunda persona del singular es:
   a. habías
   b. habrás
   c. habrías
   d. hubiste
   e. hubistes

185. ¿A qué sustantivo NO podría aplicarse el adjetivo PLAUSIBLE?
   a. discurso
   b. hipótesis
   c. motivo
   d. plateado
   e. reproducción

186. Dendrón:
   a. antes
   b. árbol
   c. doce
   d. moneda
   e. rama

187. Movimiento por el cual un miembro u otro órgano se aleja del plano medio (el plano medio divide imaginariamente al cuerpo en dos mitades simétricas):
   a. abducción
   b. aducción
   c. inversión
   d. pronación
   e. rotación

188. Fisiólogo al que se le atribuye el descubrimiento del llamado condicionamiento clásico:
   a. Bernard
   b. Freud
   c. Pavlov
   d. Skinner
   e. Watson

189. ¿A qué se debe la acolia?
   a. el hepatocito carece de canalículos biliares
   b. el hígado no está funcionando
   c. la bilis no llega a las heces
   d. los eritrocitos se están lisando
   e. una de las dos vesículas está acaparando toda la bilis

190. ¿En qué ciudad se encuentra *La lección de anatomía de Rembrandt*?

   a. Amberes
   b. Ámsterdam
   c. La Haya
   d. Londres
   e. París

191. ¿Por qué Rosalind Franklin no recibió premio Nóbel en 1962?
    a. porque era sueca
    b. porque había muerto
    c. porque lo recibió Maurice Wilkins en su nombre
    d. porque no lo merecía
    e. porque solo se le entregó a Watson y a Crick

192. La fundamentación del conocimiento a partir de la indubitabilidad de la propia reflexión ["Pienso, luego existo" (*je pense, donc je suis*)] se atribuye a un filósofo y matemático francés:
    a. Bernoulli
    b. Cauchy
    c. Descartes
    d. Pascal
    e. Poincaré

193. ¿Quién inventó la palabra "evolución"?
    a. Bonnet
    b. Buffon
    c. Cuvier
    d. Darwin
    e. Lamarck

194. ¿Cuál fue el primer premio Nóbel que recibió Marie Curie en 1903?
    a. Biología
    b. de la Paz
    c. Física
    d. Fisiología o Medicina
    e. Química

195. ¿Quién dijo, a propósito del establecimiento de la biología como ciencia «Hasta el fin del siglo XVIII la vida no existe. Existen solo seres vivos»?
    a. Anton von Leeuwenhoek
    b. Charles Darwin
    c. Ernst Haeckel
    d. Jean-Baptiste Lamarck
    e. Michel Foucault

196. ¿Qué hizo Leucipo?
    a. definió el inconsciente de la humanidad
    b. fue el primero en aplicar conceptos de cálculo infinitesimal
    c. la primera teoría del atomismo
    d. primer humanista de la historia
    e. probó la existencia de Dios basada en la razón

197. Médico austriaco que en su tiempo fue considerado un especialista en el tratamiento de los trastornos neuróticos:
    a. Dewey
    b. Freud
    c. Piaget
    d. Köhler
    e. Watson

198. ¿Qué característica del electrón fue determinada por el experimento de Millikan utilizando gotas de aceite?
    a. carga
    b. masa
    c. spin
    d. tamaño
    e. velocidad

199. ¿Cómo se llamó el interés por el arte y la literatura acaecidos entre los siglos XIV y XVI en Europa?
    a. Antigüedad
    b. Edad Media
    c. Ilustración
    d. Renacimiento
    e. Revolución Francesa

200. ¿Quién dijo «Sentimos que lo que estamos haciendo es solo una gota en el océano. Pero si esa gota no estuviera en el océano, creo que el océano sería menos por esa gota que le falta. No estoy de acuerdo en hacer las cosas a lo grande»?
    a. Donald Rumsfeld
    b. George Bernard Shaw
    c. Laurence Olivier
    d. Marlon Brando
    e. Teresa de Calcuta

Examen Final de Entrenamiento para el Examen de Admisión del 2016

Respuestas

1. ¿Cómo se denomina la rama biomédica que se ocupa del núcleo celular y de sus procesos bioquímicos?
   a. biología molecular*
   b. biomedicina
   c. bioquímica
   d. cristalografía
   e. histología

La biomedicina comprende los aspectos de ciencias básicas enfocadas a la medicina clínica. La bioquímica estudia el metabolismo. La cristalografía toma fotografías de moléculas cristalizadas para reconocer su estructura tridimensional. La histología es la anatomía microscópica.

2. La lluvia ácida es aquella cuyo pH es:
   a. <7
   b. <6.5
   c. <5.6*
   d. >5.6
   e. cuantificable

La lluvia ácida se produce por contaminación ambiental debida a la presencia de dióxido de azufre y de óxido nitroso.

3. ¿Qué elemento del citosqueleto contribuye en mayor medida a la formación de la trama terminal?
   a. citoqueratina
   b. desmina
   c. microfilamentos*
   d. microtúbulos
   e. vimentina

4. ¿Cuál de las siguientes frases acerca de la extinción de las especies NO es verdad?
   a. cuando una especie se ha extinguido no vuelve a reaparecer
   b. la extinción es la pérdida permanente de una especie
   c. la extinción es un proceso biológico natural
   d. las actividades humanas tienen poco impacto en las extinciones*
   e. un 25 por ciento de las familias vegetales estarán extintas al final del siglo XXI

5. ¿Qué contiene el Accutane®?
   a. alcohol
   b. cocaína
   c. isotretinoína*
   d. talidomida
   e. vitamina K

El Accutane® es el medicamento más utilizado por los adolescentes para tratar su acné. Cualquiera interesado en estudiar medicina lee la fórmula con el contenido. Isotretinoína, retinol, retinal, retinoína y vitamina A son variantes de la misma sustancia.

6. Eslabón entre la materia orgánica y las primeras células:
   a. coacervado
   b. eucariote
   c. LUCA*
   d. procariote
   e. sulfobacteria

LUCA es nuestro ancestro común. Todas las formas de vida que conocemos derivan de ese progenote.

7. ¿Cuándo apareció la especie *Homo sapiens*?
   a. hace 1.8 millones de años*
   b. hace 65 millones de años
   c. hace 243 millones de años
   d. hace 18 000 años
   e. hace 100 000 años

8. ¿Cuál es la fuente más importante de hierro fisiológico para la síntesis de la hemoglobina y la producción de eritrocitos?
   a. albúmina
   b. bilirrubina
   c. ferritina
   d. globina
   e. transferrina*

La transferrina transporta la mayor parte del hierro plasmático necesario para la síntesis del hemo en la médula ósea roja.

9. ¿Cómo es que el carbono entra al mundo biológico?
   a. degradado por los heterótrofos
   b. fijado por los autótrofos*
   c. oxidado por las Rhizobium
   d. reciclado en las erupciones volcánicas
   e. reducido por las cianobacterias

10. ¿Cómo se llaman los organismos que viven en suspensión y se trasladan pasivamente con las corrientes de agua?
    a. bentos
    b. necton
    c. neuston
    d. plancton*
    e. pleuston

11. Únicos mamíferos no placentarios:
    a. aves
    b. euterios
    c. marsupiales
    d. monotremas*
    e. peces

Los marsupiales si tienen un desarrollo placentario inicial, aunque luego lo completan en la marsupia. Todos los euterios son placentarios. Los monotremas no, porque ponen huevos. Aves y peces no son mamíferos.

12. ¿Cuántas hembras fecundas hay en una colmena?
    a. 0
    b. 1*
    c. 2
    d. centenas
    e. decenas

Solo la abeja reina es reproductiva en una colmena.

13. ¿Cómo se llama la especiación que ocurre cuando una especie nueva emerge en la misma área geográfica?
    a. alopátrica
    b. gastrocnémica
    c. gastronómica
    d. homeopática
    e. simpátrica*

Especiación alopátrica es la que sucede cuando un accidente geográfico separa a una especie y entonces se diferencia en dos diferentes. Los gastrocnemios son los músculos dorsales de la pierna. Lo gastronómico se relaciona con los alimentos y la cocina de altura. Homeopática es un tipo de medicina tradicional que no tiene ninguna base científica.

14. ¿Qué es la enfermedad de Addison?
    a. el síndrome de Cushing
    b. insuficiencia cardiaca congénita
    c. insuficiencia corticosuprarrenal*
    d. la sordera congénita
    e. una complicación de la diabetes insípida

La enfermedad de Addison es la falta de hormonas de la corteza de la glándula suprarrenal. Lo contrario es la enfermedad o síndrome de Cushing. Un síndrome es un conjunto de signos y síntomas. Los signos son los datos que el médico encuentra mediante la exploración física. Los síntomas son los malestares que el paciente refiere al ser interrogado.

15. ¿En qué etapa del ciclo celular se sintetizará la DNA polimerasa?
    a. G_O
    b. G_1*
    c. G_2
    d. M
    e. S

16. ¿Qué músculo traza los límites entre el abdomen y el tórax?
    a. bíceps
    b. diafragma*
    c. intercostal
    d. cuádriceps
    e. recto

El diafragma marca los límites superiores del abdomen. Por debajo está la pelvis. El tórax por arriba tiene la apertura torácica superior.

17. ¿Qué es la carboxihemoglobina?
    a. hemoglobina que está transportando CO*
    b. hemoglobina que está transportando CO_2
    c. hemoglobina que está transportando CO_3^{2-}
    d. hemoglobina que está transportando H_2CO_3
    e. hemoglobina que está transportando NO

La que está transportando CO_2 se llama carbhemoglobina.

18. ¿Qué órgano produce los estrógenos?
    a. hipófisis
    b. hipotálamo
    c. ovario*
    d. oviductos
    e. útero

19. ¿De qué tejido está hecho el parénquima de las glándulas?
    a. conectivo
    b. epitelial*
    c. muscular
    d. nervioso
    e. sangre

20. ¿Qué presenta endoneuro, perineuro, y a veces también epineuro?
    a. el cerebro
    b. la médula espinal
    c. un ganglio linfático
    d. un ganglio nervioso
    e. un nervio periférico*

Un nervio está formado por decenas de axones. Cada axón está envuelto por un endoneuro. Varios axones por un perineuro, y todo el nervio por el epineuro.

21. En el microscopio, ¿de dónde sale ya enfocado el haz de luz que ilumina el objeto estudiado?
    a. de la fuente de luz
    b. del condensador*
    c. del diafragma iris
    d. del objetivo
    e. del ocular

Los microscopios de luz tienen tres sistemas ópticos:

- oculares, donde se colocan los ojos del observador. Son unas lupas de 10 aumentos

- objetivos, que aumentan la imagen hasta 100 veces y están cerca del objeto en estudio

- condensador, que enfoca la luz hacia el sitio donde está la preparación que se estudia

22. ¿Dónde se forman los espermatozoides?
    a. conducto deferente
    b. epidídimo
    c. intersticio testicular
    d. túbulo seminífero*
    e. vesícula seminal

Los espermatozoides se generan en el interior de los túbulos seminíferos del testículo. El intersticio testicular contiene a las células de Leydig que por eso son llamadas también células intersticiales y producen testosterona. El conducto deferente es solo la vía de transporte de los espermatozoides desde el epidídimo, donde se capacitan, hasta la uretra prostática, ahí se unen a las secreciones de la próstata y de la vesícula seminal. El licor seminal secretado por la vesícula seminal representa el 80 por ciento del eyaculado, es alcalino y rico en fructosa, principal nutriente del espermatozoide.

23. ¿Cuántos cromosomas tiene el humano en sus células somáticas?
    a. 21
    b. 22
    c. 23
    d. 45
    e. 46*

Hay 46 moléculas de DNA en cada núcleo de las células somáticas, cada una de ellas en un cromosoma. Los gametos, espermatozoide y óvulo, tienen cada uno de ellos 23 cromosomas.

24. **Son componentes transparentes del ojo:**
    a. cristalino y córnea*
    b. iris y retina
    c. pupila y retina
    d. retina y cristalino
    e. vítreo e iris

25. **¿Qué clase de secreción efectúa la célula β del islote pancreático?**
    a. glucagón
    b. hormona del crecimiento
    c. insulina*
    d. pancreocimina
    e. somatostatina

26. **¿Cuál de los siguientes es un valor normal sano del número de eritrocitos en la sangre humana?**
    a. 5 000 000 por mL
    b. 5 000 000 por mm^3*
    c. 5 000 000 000 por mm^3
    d. 5 000 000 000 por mL
    e. 5 000 000 000 000 por mm^3

27. **¿Qué producen los ameloblastos?**
    a. cemento
    b. dentina
    c. esmalte*
    d. hueso
    e. miel

El cemento es producido por los cementoblastos que rodean al diente. La dentina es producida por los odontoblastos que se hallan en la pulpa dental. El esmalte es secretado por los ameloblastos. El hueso es producido por los odontoblastos. Y la miel... es producida por la abejas obreras.

28. **¿Qué nervio lleva al cerebro la información especial de la olfación?**
    a. I par craneal*
    b. II par craneal
    c. VII par craneal
    d. VIII par craneal
    e. IX par craneal

Los pares craneales son 12:
1: olfatorio
2: óptico
3: motor ocular común
4: patético o troclear
5: trigémino
6: motor ocular externo
7: facial
8: auditivo o estatoacústico
9: glosofaríngeo
10: vago o neumogástrico
11: espinal o accesorio
12: hipogloso

29. **¿Dónde se sintetiza el líquido cefalorraquídeo?**
    a. espacio subaracnoideo
    b. piamadre
    c. plexos coroides*
    d. túbulo coroideo
    e. túbulo seminífero

O plexos coroideos, están formados por células ependimarias cuya especialización les permite fabricar el líquido cefalorraquídeo a partir del plasma de la sangre. El espacio subarcnoideo tiene líquido cefalorraquídeo que lo rellena.

30. **Pasaje aéreo, esfínter, y órgano de la fonación:**
    a. la faringe
    b. la laringe*
    c. la lengua
    d. la tráquea
    e. los pulmones

31. **¿Quién secreta la hormona del crecimiento?**
    a. el hipotálamo
    b. la adenohipófisis*
    c. la glándula suprarrenal
    d. la neurohipófisis
    e. la pineal

32. ¿Cuántos días circula un eritrocito?
   a. 30
   b. 60
   c. 70
   d. 120*
   e. 150

Al envejecer deja de circular y es destruido por el bazo. El proceso de destrucción se llama hemocatéresis. Parte de la hemoglobina se desecha en la bilirrubina. Los eritrocitos de reemplazo recién fabricados son liberados por la médula ósea roja. Los eritrocitos derivan del eritroblasto.

33. ¿A dónde vierten su secreción las glándulas endócrinas?
   a. a ningún lado
   b. a sus conductos interlobulillares
   c. a sus conductos intralobulillares
   d. al infundíbulo del acino
   e. al sistema circulatorio*

Las glándulas endócrinas no tienen conductos de excreción, de ahí que lo sintetizado se vacíe directamente a la sangre mediante los capilares que las irrigan.

34. ¿Cuál es la principal célula productora de factor intrínseco?
   a. colangiocito
   b. hepatocito
   c. Paneth
   d. parietal*
   e. principal

La célula también se llama oxíntica y además de factor intrínseco produce ácido clorhídrico.

35. ¿Cuánto crece como máximo una niña después de su menarca?
   a. 7.5 cm*
   b. depende de la dieta
   c. depende de la edad
   d. depende de los genes
   e. es tan variable que no puede predecirse

La menarca es la primera menstruación de una mujer. Ocurre al mismo tiempo que los cartílagos de crecimiento terminan su cierre, es decir que dejan de existir.

36. ¿Cuál es el destino inmediato de la pared del folículo que contenía al oocito que se ovuló?
   a. da más folículos
   b. da más oocitos
   c. involuciona por apoptosis
   d. se reabsorbe
   e. se convierte en cuerpo lúteo*

Las células de la granulosa que se transforman en cuerpo lúteo producirán progesterona. La progesterona favorece que el endometrio se haga adecuado para anidar al embarazo.

37. ¿De dónde derivan todos los macrófagos?
   a. amibas
   b. linfocito
   c. megacariocito
   d. monocito*
   e. neutrófilo

El monocito se sale del torrente sanguíneo y se convierte en macrófago.

38. ¿Qué resulta de la mitosis?
   a. dos células aproximadamente idénticas
   b. dos células diametralmente diferentes
   c. dos células diametralmente opuestas
   d. dos células genéticamente diferentes
   e. dos células genéticamente idénticas*

39. ¿Cuál es la organela de la respiración?
   a. complejo de Golgi
   b. mitocondria*
   c. peroxisoma
   d. retículo endoplasmático liso
   e. ribosoma

40. ¿Cómo se llaman las estructuras mediante las cuales respiramos?
   a. alveolos*
   b. bronquios
   c. bronquiolos terminales
   d. carinas
   e. narinas

El oxígeno deberá llegar a las mitocondrias de todas las células.

41. ¿Qué célula vive dentro de la laguna de Howship?
    a. célula plasmática
    b. fibroblasto
    c. neurona
    d. osteocito
    e. osteoclasto*

El osteoclasto es la célula que digiere al hueso envejecido o a aquel que necesita ser remodelado. Siendo uno de los macrófagos del cuerpo deriva de la fusión de varios monocitos.

42. Paciente de 37 años en el servicio de Urgencias del Hospital Central con infarto agudo del miocardio. ¿Qué está anormalmente elevado?
    a. cloro
    b. glucosa
    c. HDL
    d. LDL*
    e. triglicéridos

¿O por qué cree usted que le llaman colesterol malo?

43. ¿Qué vitamina es fundamental para el correcto cierre del tubo neural?
    a. ácido ascórbico
    b. ácido fólico*
    c. ácido pantoténico
    d. vitamina A
    e. vitamina B2

Se ha visto que el ácido fólico o vitamina B9 es necesario para que la folistatina regule el correcto cierre del neurotubo antes del día 28 de un embrión humano.

44. La expresión observable del material genético en la apariencia de la persona se llama:
    a. alelo
    b. cromosoma
    c. fenotipo*
    d. genotipo
    e. locus

Fenotipo es la apariencia física. Genotipo son los genes que determinan el fenotipo.

45. Célula en meiosis:
    a. epitelio germinal ovárico
    b. espermátide
    c. espermatozoide
    d. oocito*
    e. oogonia

La oogonia no está en meiosis, las células en meiosis se llaman oocitos primarios o secundarios; o en el varón espermatocito primario y secundario.

46. ¿Qué cubre la mayor parte de la superficie externa de la raíz de un diente?
    a. cemento*
    b. esmalte
    c. hueso
    d. ligamento periodontal
    e. pulpa

47. ¿Qué llena el espacio que hay entre el laberinto óseo y el laberinto membranoso?
    a. agua
    b. aire
    c. endolinfa
    d. perilinfa*
    e. semen

48. ¿Dónde se produce el líquido cefalorraquídeo?
    a. canal medular
    b. matriz interterritorial
    c. plexos coroides*
    d. procesos ciliares
    e. seno subcapsular

El líquido cefalorraquídeo está debajo de la aracnoides y sirve para amortiguar los movimientos de la cabeza que pudieran golpear al cerebro. Las meninges son tres, de dentro hacia afuera: piamadre, aracnoides y duramadre.

49. ¿Cuánto dura el embarazo humano normal de término?
    a. aproximadamente 210 días
    b. aproximadamente 250 días
    c. aproximadamente 270 días*
    d. aproximadamente 290 días
    e. aproximadamente 310 días

La cifra más comúnmente aceptada es 266 días.

50. ¿Cuánto mide un recién nacido normal de término?
    a. 25 cm
    b. 35 cm
    c. 52 cm*
    d. 65 cm
    e. 69 cm

51. ¿Cuál es un mesotelio?
    a. endotelio aórtico
    b. endotelio corneal
    c. hoja parietal de la cápsula de Bowman
    d. lámina de Bowman
    e. pleura*

Los tres mesotelios que tenemos son la pleura, el pericardio y el peritoneo.

52. ¿Qué células habitan en el tejido intersticial del testículo?
    a. células de Leydig*
    b. células de Sertoli
    c. espermatocitos
    d. espermatogonias
    e. todas las anteriores

Las células de Leydig o células intersticiales producen la principal hormona sexual masculina: la testosterona.

53. ¿Qué fase endometrial sigue inmediatamente a la menstruación?
    a. catamenial
    b. decidual
    c. progestacional
    d. proliferativa*
    e. secretora

La regla o sangrado catamenial es la fase inicial del ciclo, después viene la fase proliferativa, la ovulación, y la fase secretora.

54. ¿Qué hormona es la responsable directa de la ovulación?
    a. cortisol
    b. gonadotropina coriónica humana
    c. hormona foliculostimulante
    d. hormona luteinizante*
    e. progesterona

La LH (hormona luteinizante) es producida por la parte anterior de la hipófisis.

55. ¿En qué órgano se encuentran las fibras musculares lisas más grandes?
    a. corazón
    b. cordón umbilical
    c. ovario
    d. piel
    e. útero*

Piénsese en todo lo que crecerá el útero durante el embarazo.

56. ¿Cuáles son las células efectoras de la inmunidad de tipo celular?
    a. célula dendrítica
    b. célula reticular
    c. linfocito B
    d. linfocito T*
    e. macrófago

Las células efectoras llevan a cabo la acción. En este caso los linfocitos T atacan a las células extrañas que aparecen en nuestro cuerpo.

57. La amilasa degrada el almidón y el glucógeno desdoblándolos en:
    a. fructosa
    b. lactasa
    c. lactosa
    d. maltasa
    e. maltosa*

La maltosa es glucosa + glucosa, es pues un lógico intermediario en la degradación de una poliglucosa como el almidón y el glucógeno.

58. ¿Cuál es el hematocrito normal?
    a. 48 por ciento*
    b. 62 por ciento
    c. 75 por ciento
    d. 81 por ciento
    e. 99 por ciento

59. ¿Cuál es la subunidad estructural de las fibras de colágena?
    a. elastina
    b. paracolágena
    c. renina
    d. tropocolágena*
    e. valina

La colágena, la proteína más abundante del cuerpo humano, es una triple hélice de tropocolágena.

60. ¿En qué estadio del desarrollo meiótico se encuentra el oocito al momento de la ovulación?
   a. anafase II
   b. dictioteno
   c. metafase I
   d. metafase II*
   e. profase I

61. ¿Qué célula tiene como función principal la presentación de antígenos?
   a. basófilo
   b. eritrocito
   c. linfocito T
   d. macrófago*
   e. plasmática

La presentación de los antígenos es el desencadenamiento de la respuesta inmune. Un macrófago procesa parcialmente a los antígenos y los exhibe a un linfocito iniciando así una reacción en cascada que es la respuesta inmune.

62. ¿Cuál es el triplete inicial del mRNA maduro?
   a. AUG*
   b. UAC
   c. UAG
   d. UGA
   e. UUU

63. Con respecto a las proteínas transportadoras.
   a. al funcionar no necesitan de un cambio conformacional
   b. solo llevan a cabo transporte activo
   c. solo tienen capacidad de realizar transporte pasivo
   d. su presencia conduce a un cambio en el potencial de membrana
   e. transportan solutos a favor y en contra del gradiente de concentración*

Efectivamente, el transporte puede ocurrir en los dos sentidos. Aunque el transporte activo siempre es contra gradiente. A favor de gradiente se llama transporte pasivo.

64. El glucocálix:
   a. es una cubierta de glucolípidos, glucoproteínas y proteoglucanos de la membrana citosólica
   b. es una cubierta de hidratos de carbono indispensable en el movimientos de fosfolípidos
   c. le da mayor estabilidad a la membrana celular
   d. participa en el reconocimiento y adhesión celular*
   e. protege a la célula contra agresiones químicas intracelulares

65. ¿En qué organela se ubica el citocromo P-450 (CYP)?
   a. Golgi
   b. mitocondria
   c. peroxisoma
   d. retículo endoplasmático rugoso
   e. ninguna de las anteriores*

Ninguna de las anteriores, ya que se encuentra en el retículo endoplasmático liso, que es la principal organela detoxificante de la célula.

66. ¿Cuál frase describe mejor la disposición microtubular del cilio?
   a. nueve duplas
   b. nueve duplas + un par central*
   c. nueve duplas + un par central + una trama de microfilamentos
   d. nueve microtúbulos
   e. nueve tripletes

67. ¿Cómo se explica la acción biológica de las proteínas?
   a. por su composición atómica
   b. por su estructura tridimensional*
   c. por su número de enlaces covalentes
   d. por su pH
   e. por su resonancia

68. La bomba de sodio/potasio posee ____ sitios de unión para Na^+ y ____ para K^+.
   a. dos   dos
   b. tres   dos*
   c. tres   tres
   d. tres   uno
   e. uno   tres

69. ¿Cuál es el principal almacén energético normal del cuerpo humano adulto?
   a. cartílago hialino
   b. músculo estriado cardiaco
   c. músculo estriado esquelético
   d. tejido adiposo unilocular*
   e. tejido nervioso (sustancia gris)

70. Un impulso motor viajando en condiciones normales dentro de una neurona desde el dedo gordo del pie derecho hacia la médula espinal es:
   a. aferente
   b. anterógrado
   c. eferente
   d. imposible*
   e. retrógado

Lea bien la pregunta: no puede haber impulsos motores regresando a la médula espinal. Los impulsos que regresan, es decir los impulsos aferentes, son sensitivos. Son solo los de salida, los eferentes, los que son motores.

71. ¿Qué nombre reciben los conjuntos de células?
   a. aparatos
   b. clones
   c. órganos
   d. sistemas
   e. tejidos*

72. ¿A dónde van a parar la mayoría de las lágrimas?
   a. a la conjuntiva
   b. a la nariz*
   c. al alma
   d. al canal de Schlemm
   e. se evaporan

73. ¿Qué organela limita a la célula?
   a. complejo de Golgi
   b. plasmalema*
   c. retículo endoplasmático liso
   d. retículo endoplasmático rugoso
   e. ribosoma

74. ¿Cuál de los siguientes NO es un ejemplo de tejido fundamental?
   a. conectivo laxo
   b. epitelio cúbico simple
   c. músculo estriado cardiaco
   d. nervioso (sustancia blanca)
   e. óseo compacto*

Aquí tejido fundamental se está utilizando como sinónimo de tejido básico.

75. ¿Cuál de las siguientes enfermedades no puede tratarse con antibióticos?
   a. brucelosis
   b. diarrea por E. coli
   c. estreptococosis
   d. gripe*
   e. sífilis

La gripe es una infección viral, los antibióticos no tienen cabida en su tratamiento.

76. ¿Cuál es el diámetro de la hebra del DNA en el modelo de la doble hélice de Watson y Crick?
   a. 2 nm*
   b. 3.4 nm
   c. 10 nm
   d. 24 nm
   e. 30 nm

77. ¿Cuál es la conducta más eficaz para evitar el contagio por el VIH?
   a. el uso de preservativo (Condón)*
   b. la ducha vaginal
   c. la píldora del día siguiente
   d. no aceptar transfusiones de personas desconocidas
   e. no tener contacto con prostitutas

Las únicas vías aceptadas para el contagio del VIH son: (1) transfusiones sanguíneas; (2) transplacentaria de madre a feto; y (3) mediante contacto sexual.

78. ¿Cuál es el agente causal de la enfermedad de Chagas?
   a. *Borrelia burgdorferi*
   b. *Leishmania donovani*
   c. *Toxoplasma gondii*
   d. *Trypanosoma cruzi**
   e. *Viannia guyanensis*

Trypanosoma cruzi es un protozoario euglenoide. Los tripanosomas perforan los tejidos que parasitan y se alimentan de sangre y linfa. La tripanosomiasis ocasiona la enfermedad de Chagas en América y la enfermedad del sueño en África. La enfermedad de Chagas es una enfermedad tropical. Es diseminada por insectos que muerden. Los signos de la enfermedad varían con el tiempo. Al principio hay fiebre, ganglios linfáticos hinchados, dolor de cabeza e inflamación en el sitio de la picadura del insecto. Después de 8 a 12 semanas, la infección puede desaparecer para siempre o entrar en la fase crónica, donde de 10 a 30 años después de la primoinfección se agrandan los ventrículos cardiacos provocando insuficiencia cardiaca. Se agrandan también el esófago y el colon.

79. ¿Cuál es el modelo aceptado para explicar la membrana citoplasmática?
   a. modelo del mosaico fluido*
   b. modelo del sándwich
   c. modelo glucosilado
   d. modelo liposomal
   e. unidad de membrana

80. ¿Cuándo se habla de periodo embrionario?
   a. antes de la fecundación
   b. antes de la implantación
   c. cuando se refiere a las dos primeras semanas del desarrollo
   d. cuando se refiere a las nueve primeras semanas del desarrollo
   e. cuando se refiere a las ocho primeras semanas del desarrollo*

Desarrollo es aquello que inicia con la fecundación.

81. Se considera como un rasgo de herencia ligado al sexo:
   a. color de ojos
   b. diabetes
   c. hemofilia*
   d. síndrome de Down
   e. tipo sanguíneo

La hemofilia y el daltonismo son rasgos recesivos ligados al cromosoma X. A la herencia ligada al cromosoma X se le llama ligada al sexo.

82. ¿Cuál es la vena de mayor calibre del cuerpo?
   a. aorta
   b. cava*
   c. iliaca
   d. porta
   e. yugular

83. Durante la contracción del músculo estriado esquelético:
   a. desaparece línea M
   b. la línea Z permanece inalterada*
   c. la longitud de la sarcómera se incrementa
   d. se acorta la banda A
   e. se incrementa la banda H

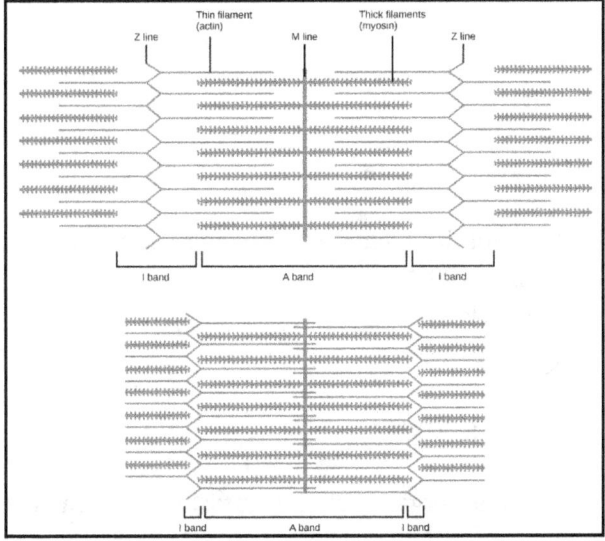

Las líneas no modifican su grosor durante la contracción, solamente se alejan o se acercan. En la contracción la banda I se acorta, la A permanece inalterada, y las líneas Z se acercan.

84. ¿Cuándo hacen su aparición (erupción) en la cavidad bucal los primeros dientes primarios?
   a. 1.5 años
   b. 3 años de edad
   c. 6 - 8 meses de edad*
   d. 16 años
   e. poco antes del nacimiento

Los primeros dientes que brotan son los incisivos centrales inferiores y lo hacen alrededor de los seis meses de edad. Los últimos que brotan son los terceros molares, a los 25 años de edad.

85. ¿Qué estudia la técnica del Northern blot?
   a. DNA
   b. DNA polimerasa
   c. oligonucleótidos solubles
   d. proteínas
   e. RNA*

Southern blot estudia el DNA y Western blot estudia las proteínas. Solo el nombre de Southern es un epónimo que toma su nombre de Ed Southern, el inventor del método.

86. ¿Qué tejido es el precursor fetal de la mayor parte de los huesos?
   a. cartílago*
   b. conectivo
   c. epitelial
   d. muscular
   e. nervioso

Todos los huesos se crean a partir de un precursor de un tejido diferente: o cartílago o tejido conectivo.

87. ¿Cuántos tipos celulares contiene el cuerpo humano?
   a. más de 200*
   b. más de 300
   c. más de 400
   d. más de 500
   e. más de 600

88. ¿De qué órgano es característica la célula de Purkinje?
   a. cerebelo*
   b. cerebro
   c. corazón
   d. ganglio linfático
   e. médula espinal

Las fibras de Purkinje son características del corazón, pero las células de Purkinje solo existen en el cerebelo, son un tipo de neurona.

89. Las sarcómeras del músculo liso:
   a. incluyen una banda A y dos bandas I
   b. incluyen una banda A y dos hemibandas I
   c. no existen*
   d. van de una línea Z a otra línea Z
   e. van de una banda I a otra banda I

Aunque el músculo liso tiene una gran abundancia de actina y miosina estas proteínas no se organizan como sarcómeras, Aun así la contracción muscular lisa se debe al desplazamiento de la actina sobre la miosina.

90. ¿Cuál es el diámetro de un eritrocito?
   a. 7.5 Å
   b. 7.5 µm*
   c. 7.5 mm
   d. 7.5 nm
   e. 7.5 pm

El diámetro aceptado es 7.2 µm, pero por el tipo de unidades las otras cuatro opciones quedan descartadas.

91. ¿Cuál es el cariotipo del síndrome de Turner?
   a. 45, X*
   b. 46, X0
   c. 46, XX
   d. 47, XXX
   e. 47, XXY

El síndrome de Turner es la única monosomía viable. En cualquier monosomía falta un cromosoma completo. En el síndrome de Turner falta un cromosoma X. El fenotipo es femenino. Es usual describir el genotipo del Turner como 45, X0.

92. ¿Cuál es el mecanismo más común, en un microambiente materno normal, para la generación de gemelos dicigóticos?
   a. bipartición de la mórula
   b. doble ovulación*
   c. fraccionamiento del cigoto
   d. polispermia
   e. superfetación

93. ¿Qué es una fibra muscular?
   a. un fascículo muscular
   b. un fascículo muscular y su aponeurosis
   c. un músculo nominado
   d. una célula muscular*
   e. una placa motora

94. ¿Qué es lo opuesto a la mitosis en lo que a regulación del tamaño tisular se refiere?
   a. apoptosis*
   b. autoinmunoataque
   c. meiosis
   d. morfogénesis
   e. necrosis

95. ¿Cómo se llama un vaso sanguíneo cuyo flujo se aleja del corazón?
   a. arteria*
   b. cava
   c. linfático
   d. vena
   e. vénula

96. ¿Cuántos tipos de leucocitos existen en la sangre?
   a. cinco*
   b. cuatro
   c. seis
   d. tres
   e. uno

La pregunta tiene cierta ambigüedad ya que los leucocitos se clasifican en dos grupos: (1) granulocitos y (2) agranulocitos. Como hay tres tipos de granulocitos y dos de agranulocitos, la mejor respuesta es cinco: granulocitos: neutrófilos, eosinófilos, basófilos; agranulocitos: monocitos y linfocitos.

97. ¿Cuál es el componente mineral de los tejidos duros del cuerpo?
   a. colágena
   b. cristales de apatita
   c. cristales de hidroxiapatita*
   d. metenamina de plata
   e. oxalato de calcio

98. ¿Qué de lo siguiente no es parte del sistema nervioso central?
   a. hipotálamo
   b. médula espinal
   c. nervio trigémino*
   d. puente
   e. tallo

El sistema nervioso central son el cerebro, el cerebelo y la médula espinal. El cerebro comprende los hemisferios, el tálamo, el hipotálamo, el tallo, el puente y la protuberancia.

99. ¿Cuál es la cantidad total de sangre en un adulto normal sano?
   a. 5 litros*
   b. 25 litros
   c. 50 litros
   d. 500 ml
   e. 5 000 000 de litros

100. ¿Qué de lo siguiente forma parte del tegumento?
   a. cerebro, médula espinal, nervios
   b. hipotálamo, pituitaria, tiroides, glándula suprarrenal, timo y páncreas
   c. huesos, cartílagos, ligamentos
   d. músculos, tendones
   e. piel, pelo, uñas*

101. En condiciones normales, ¿cuál es el contenido de la vesícula seminal?
   a. espermatozoides
   b. el producto de su secreción*
   c. licor prostático
   d. moco
   e. orina

102. ¿Quién sintetiza la tirocalcitonina?
   a. célula C*
   b. célula de Leydig
   c. célula folicular
   d. célula principal
   e. pinealocito

Llamadas así, o también células U o parafoliculares. Derivan de la cresta neural y sintetizan la tirocalcitonina que es la hormona antagónica de la paratohormona. La paratohormona eleva la calcemia, la tirocalcitonina la reduce.

103. ¿Cuál es la inmunoglobulina con mayor concentración circulante en el cuerpo humano?
   a. IgA
   b. IgD
   c. IgE
   d. IgG*
   e. IgM

IgG es la inmunoglobulina más abundante, y es la única que cruza la placenta. IgM es la primera inmunoglobulina que se sintetiza en una respuesta inmune. La IgA se secreta en la leche, saliva, lágrimas, semen, sudor, moco. La IgE está relacionada con la respuesta anafiláctica (las ronchas). La IgD está adherida al linfocito B y modula su conversión a célula plasmática.

104. ¿Cuál de las siguientes porciones de una inmunoglobulina NO participa en la unión con un determinante antigénico?
  a. cadena ligera
  b. cadena pesada
  c. fragmento Fab
  d. fragmento Fc*
  e. región hipervariable de la cadena ligera

El fragmento Fc está anclado a la membrana citoplasmática, por esa razón no es libre de unirse al antígeno.

105. ¿Dónde sucede la implantación normal?
  a. fimbrias
  b. fondo de saco de Douglas
  c. fórnix de la vagina
  d. región ampular de la trompa uterina
  e. útero*

Las fimbrias son una parte de oviducto que atrapa al oocito ovulado y lo lleva a la ampolla (región ampular) del oviducto donde es fecundado. La implantación normal solo se da en el endometrio del útero.

106. ¿Cuál célula es multinucleada?
  a. bordeante ósea
  b. osteoblasto
  c. osteocito
  d. osteoclasto*
  e. osteoprogenitora

Su función es fagocitar el hueso que deberá de reciclarse. El osteoclasto deriva de la fusión de varios monocitos por eso es multinucleada.

107. ¿Cuál es el grupo funcional en la molécula R-CO-O-R'?
  a. aldehído
  b. carboxilo
  c. cetona
  d. éster*
  e. éter

108. Los _____ describen completamente a un electrón específico dentro de un átomo.
  a. isótopos
  b. niveles y subniveles
  c. números atómicos
  d. números cuánticos*
  e. pesos atómicos

De acuerdo al principio de exclusión de Pauli no hay dos electrones con los mismos números cuánticos en el mismo átomo.

109. ¿Qué es NiAs?
  a. arsenato niquélico
  b. arsenato niqueloso
  c. arsenito niquélico
  d. arseniuro niquélico*
  e. arseniuro nítrico

Ni_3As_2 es el arseniuro niqueloso. El arsenato niquélico es $NiAsO_4$. El arsenato niqueloso es $Ni_3(AsO_4)_2$. El arsenito niquélico es $NiAsO_3$. El arseniuro nítrico es N_3As_5.

110. ¿Qué enlace resulta de atracciones electrostáticas entre átomos?
  a. enlace covalente
  b. enlace covalente coordinado
  c. enlace de van der Waals
  d. enlace iónico*
  e. enlace salino

Es el enlace del cloruro de sodio: el sodio pierde un electrón, el cloro lo gana, y ambos satisfacen la ley del octeto y estabilizan su último nivel energético.

111. Determinar la configuración del ^{14}C.
  a. 6 protones, 6 neutrones y 6 electrones
  b. 6 protones, 6 neutrones y 8 electrones
  c. 6 protones, 8 neutrones y 6 electrones*
  d. 7 protones, 7 neutrones y 7 electrones
  e. 8 protones, 6 neutrones y 6 electrones

El carbono salvaje es el ^{12}C: 6 protones + 6 neutrones + 6 electrones. El ^{14}C es el isótopo radiactivo. Los dos umas más de peso atómico se explican por la presencia de dos neutrones añadidos al núcleo.

112. ¿Cómo se llama el radical Ni²⁺?
    a. niquelante
    b. niquélico
    c. niqueloso*
    d. niqueluro
    e. niquilo

Ni²⁺ es niqueloso y Ni³⁺ es niquélico.

113. ¿Cuál es la valencia del radical mercuroso?
    a. -2
    b. -1
    c. 0
    d. +1*
    e. +2

Mercuroso es +1 y mercúrico +2.

114. ¿Cuál de las siguientes moléculas es el naftaleno?
    a.
    b.
    c.
    d. *
    e.

115. ¿Cuál es llamado el gas de los pantanos?
    a. butano
    b. etano
    c. metano*
    d. pentano
    e. propano

116. Se caracterizan por tener un pH alcalino, que resulta en un valor superior a 7 en la escala, EXCEPTO:
    a. álcalis
    b. bases
    c. hidrocarburos*
    d. hidróxidos
    e. sosa cáustica

117. ¿Qué elemento tiene el número atómico tres en la tabla periódica?
    a. berilio
    b. boro
    c. helio
    d. hidrógeno
    e. litio*

118. Cuando tenemos el mismo número de átomos en los dos miembros de una ecuación química se dice que está...
    a. balanceada*
    b. completa
    c. simbolizada
    d. sincronizada
    e. sintonizada

119. ¿Qué se desprende de la reacción que se produce entre el cinc y el ácido sulfúrico cuando se combinan?
    a. agua
    b. CO_2
    c. hidrógeno*
    d. oxígeno
    e. sulfato de cinc

La reacción es:

Zn (sólido) + H_2SO_4 (líquido) ➡ $ZnSO_4$ (líquido) + H_2 (gas)

Solo el H_2 se desprende como gas de la reacción.

120. Que a cada fuerza aplicada le corresponde una fuerza en la dirección opuesta es:
    a. ley de Hooke
    b. primera ley de la termodinámica
    c. segunda ley de la termodinámica
    d. tercera ley de la termodinámica
    e. tercera ley de Newton*

121. ¿Cuál es la aceleración de un auto que va viajando a 90 km/h y frena a 40 km/h en 5.0 s?

    a. -26 m/s^2
    b. -2.8 m/s^2*
    c. 2.8 m/s^2
    d. 9.8 m/s^2
    e. 26 m/s^2

90 km/h = 25 m/s
40 km/h = 11 m/s

$$a = \frac{V_f - V_o}{t}$$

$$a = \frac{11 \text{ m/s} - 25 \text{ m/s}}{5 \text{ s}}$$

$$a = \frac{-14 \text{ m/s}}{5 \text{ s}}$$

$a = -2.8$ m/s^2

122. Exprese 0.7 μm en nm:

    a. 0.007
    b. 0.07
    c. 7
    d. 70
    e. 700*

$$0.7 \text{ μm} \cdot \frac{10^{-6} \text{ m}}{1 \text{ μm}} \cdot \frac{1 \text{ nm}}{10^{-9} \text{ m}}$$

$$\frac{0.7 \times 10^{-6} \text{ nm}}{10^{-9}}$$

$0.7 \times 10^{-6+9}$ nm
0.7×10^3 nm
700 nm

123. ¿Cuántos centímetros hay en 26 pulgadas?

    a. 52
    b. 58.5
    c. 65
    d. 66*
    e. 78

$$26 \text{ pulgadas} \cdot \frac{2.54 \text{ cm}}{1 \text{ pulgada}}$$

26 x 2.54 cm
66.04 cm

124. ¿A cuánto equivale un Ångstrom?

    a. Å = 1 x 10^{-12} m
    b. Å = 1 x 10^{-11} m
    c. Å = 1 x 10^{-10} m*
    d. Å = 1 x 10^{-9} m
    e. no tiene equivalencia

125. ¿Cuántos centímetros cúbicos caben en un litro?

    a. 1
    b. 10
    c. 100
    d. 1 000*
    e. 10 000

Los centímetros cúbicos también se llaman mililitros.

126. Si la densidad relaciona masa / volumen, ¿cuál de las opciones describe mejor a lo que se le llamará densidad lineal?

    a. a la longitud ocupada por una cierta masa
    b. al peso de una línea, cable o alambre, de un material*
    c. es la relación entre dos superficies
    d. es una velocidad promedio calculada siempre en una hora
    e. no existe ese concepto

Se mide en kg/m del material que característicamente se puede extender en un hilo o cordón.

127. Señale cuál de los siguientes procesos sí es posible:

    a. 12 onzas - 4 centímetros cuadrados
    b. 17 litros + 2 kilogramos
    c. 25 metros + 12 kilogramos
    d. 30 acres - 140 metros
    e. 57 pies + 2 kilómetros*

Aunque será necesario hacer conversión de unidades, pies y kilómetros se hallan en la misma dimensión de longitud.

128. Se define como la resistencia de un líquido a fluir debida a la dificultad que presentan las moléculas de los líquidos para moverse unas sobre otras:
  a. adherencia
  b. atracción
  c. capilaridad
  d. tensión superficial
  e. viscosidad*

La mejor opción hubiese sido cohesión, que es la atracción entre moléculas del mismo tipo, pero viscosidad es exactamente la dificultad de moléculas similares para deslizarse entre ellas.

129. ¿Cuál es la masa exacta de un gramo?
  a. 0.001 kg*
  b. 1 mL de agua
  c. 1 mL de agua químicamente pura
  d. 10 000 mg
  e. 12 000 pg

0.001 kg = 1 g porque un kilogramo tiene 1000 g. Un mililitro de agua pesa un gramo, pero no es lo mismo, ni siquiera son unidades que midan las mismas dimensiones, gramo es masa, y mL es volumen.

130. ¿Cuál es la naturaleza de los rayos alfa?
  a. dos protones y dos neutrones*
  b. electrones de alta energía
  c. fotones de alta energía
  d. partícula ionizante que se origina secundariamente al rebote de una primera
  e. radiación electromagnética

131. Resuelva la ecuación: $(x + {}^-4)(x + 4) = 0$
  a. $x = 0$
  b. $x = 0$ o $x = 4$
  c. $x = 4$ o $x = -4$*
  d. $x = 8$
  e. $x = 16$

Ya que si $ab = 0$, $a = 0$ o $b = 0$. Entonces:
$x - 4 = 0$ o $x + 4 = 0$
$x = 4$ $x = -4$

132. ¿Cuál de los siguientes NO es subconjunto propio de K si K = {l, m, n}
  a. { }
  b. {l, m}
  c. {l, m, n}*
  d. {l, n}
  e. {m, n}

{l, m, n} es el subconjunto impropio de K.

133. ¿Cuál de las siguientes cifras NO está expresada en notación científica estándar?
  a. -6.54×10^{-14}*
  b. 1.014×10^{-22}
  c. 1.17×10^{4}
  d. 3.14×10^{25}
  e. 9.98×10^{1324}

No se usan las mantisas negativas en notación científica estándar, aunque sí pueden existir en la notación científica no estándar.

134. ¿Qué es π?
  a. diámetro de una circunferencia/perímetro de la misma circunferencia
  b. diámetro de una circunferencia x perímetro de la misma circunferencia
  c. perímetro de una circunferencia/diámetro de la misma circunferencia*
  d. perímetro de una circunferencia/radio cuadrado de la misma circunferencia
  e. radio cuadrado de una circunferencia/perímetro de la misma circunferencia

El número de veces que el diámetro cabe en el perímetro es aproximadamente 3.1415..., o $^{22}/_{7}$. π es un número irracional que no puede representarse exactamente como un quebrado de dos números enteros.

135. ¿Cuántos subconjuntos tiene S? S = {a, b, c}
  a. cinco
  b. cuatro
  c. ocho*
  d. seis
  e. siete

Los subconjuntos de un conjunto se encuentran elevando el número 2 al número de elementos del conjunto en estudio. En este caso 3:
$2^3 = 2 \cdot 2 \cdot 2 = 8$

136. ¿Cuál de las siguientes ecuaciones representa una circunferencia?
   a. $2x^2 - 2y^2 = 12$
   b. $x + 2y - 3 = 0$
   c. $x^2 + 2y^2 = 4$
   d. $x^2 + y^2 = 9$*
   e. $y^2 = 4x$

En la ecuación de la circunferencia los coeficientes de los términos cuadráticos son iguales en magnitud y signo.

137. ¿Cuál es el valor positivo que debe tomar x para que la distancia entre los puntos A(x, -1) y B(1, 3) sea igual a 5?
   a. -2
   b. 1
   c. 2
   d. 4*
   e. 6

$P_1P_2 = \sqrt{(x_2 - x_1)^2 + (y_2 - y_1)^2} = 5$

$P_1P_2 = \sqrt{[(1) - (x)]^2 + [(3) - (-1)]^2} = 5$

$P_1P_2 = \sqrt{(1 - x)^2 + [(3 + 1)]^2} = 5$

$P_1P_2 = \sqrt{(1 - x)^2 + (4)^2} = 5$

$P_1P_2 = \sqrt{(1 - x)^2 + 16} = 5$

$P_1P_2 = (1 - x)^2 + 16 = 25$

$P_1P_2 = (1 - x)^2 = 25 - 16$

$P_1P_2 = (1 - x)^2 = 9$

$1 - x = 3$
$-x = 3 - 1$
$-x = 2$
$x = -2$

Pero nos piden el valor positivo:
$P_1P_2 = (1 - x)^2 = 9$
$1 - x = -3$
$-x = -3 - 1$
$-x = -4$
$x = 4$

138. ¿Cuáles son los números completos?
   a. ...-3, -2, -1
   b. ...-2, -1, 0, 1, 2...
   c. 0, 1, 2, 3...*
   d. 1, 2, 3, 4...
   e. 1, 2, 3, 5...

El conjunto de los números completos también se llama conjunto W.

139. ¿Qué opción describe correctamente la multiplicación de 23 400 por 17 000 000 ?
   a. $(2.34 \times 10^2)(1.7 \times 10^7)$
   b. $(2.34 \times 10^3)(1.7 \times 10^7)$
   c. $(2.34 \times 10^4)(1.7 \times 10^5)$
   d. $(2.34 \times 10^4)(1.7 \times 10^6)$
   e. $(2.34 \times 10^4)(1.7 \times 10^7)$*

Los dos se han multiplicado correctamente en notación científica.

140. Considerando las cifras significativas, ¿qué resulta de $(8.22 \times 10^{-12} \text{ m}^2) \times (2.2 \times 10^{-3} \text{ m/kg})$?
   a. 1.8×10^{-16} m³/kg
   b. 1.8×10^{-15} m³/kg
   c. 1.8×10^{-14} m³/kg*
   d. 18 m³/kg
   e. 18×10^{-14} m³/kg

18×10^{-15} m³/kg
1.8×10^{-14} m³/kg

Porque 2.2 son solo dos cifras significativas, y en las multiplicaciones y las divisiones solo es significativo el número menor de cifras de cualquiera de los números operados.

141. ¿A qué corresponde el resultado kg/m³?
   a. dos mediciones
   b. el gasto de un sistema hidráulico
   c. momento lineal
   d. un flujo
   e. una densidad*

142. Divida 2.6×10^8 entre 1.3×10^{12}.
   a. 0.5×10^{-4}
   b. 0.5×10^4
   c. 2×10^{-4}*
   d. 2×10^4
   e. 3.3×10^{20}

$2 \times 10^{8-12} = 2 \times 10^{-4}$

143. ¿Cuál es el rango para el conjunto de cifras: 9, 2, 1, 10?
   a. 0
   b. 1
   c. 5
   d. 9*
   e. 10

Rango = 10 - 1 = 9

144. De acuerdo con la gráfica los datos tienen una mayor _____ en la curva C que en las curvas A y B.

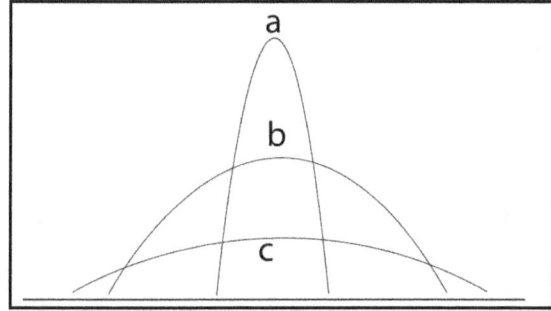

   a. concentración
   b. dispersión*
   c. distribución
   d. equivalencia
   e. semejanza

145. ¿Cuál es la probabilidad de lanzar un dado y que este caiga en 6?
   a. 1/3
   b. 2/6
   c. 2/12*
   d. 5/6
   e. 6/6

La probabilidad es de 1:6, que es igual que 1/6, que es igual que 2/12 o 3/18.

146. La siguiente imagen es un ejemplo de:

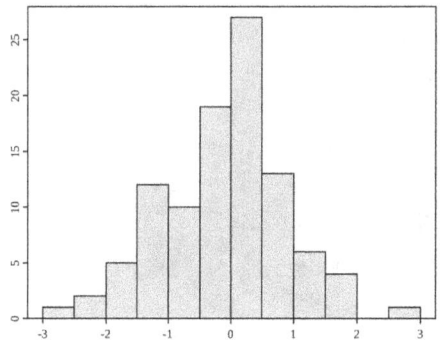

   a. diagrama de barras
   b. gráfica de barras
   c. histograma*
   d. ojiva
   e. polígono de frecuencias

147. You are messing around:
   a. You are coming old
   b. Your are making a mess
   c. You are studying thoroughly
   d. You are walking around
   e. You are wasting time*

148. What is to come up with?
   a. to count on you
   b. to have an idea*
   c. to know yourself
   d. to mount into a car
   e. to mount into something

149. What is a person's charm?
   a. ability to dominate the people
   b. ability to delight other people*
   c. highest degree of education
   d. nationality
   e. wisdom

150. To be weird means:
   a. to be clever
   b. to be handsome
   c. to be schizophrenic
   d. to be strange*
   e. to be young

151. The game is flawed.
    a. the game has a built-in mistake*
    b. the game is mischievous
    c. the game is tilt
    d. the game is treacherous
    e. the game is wet

152. Something awkward is:
    a. something big
    b. something lousy
    c. something noisy
    d. something small
    e. something uncomfortable*

153. I dropped out school means...
    a. I ate at school
    b. I live in the school
    c. I painted the school
    d. I quit the school*
    e. I sign on school

154. I am flattered.
    a. I am fat
    b. I am slim
    c. I feel flat
    d. I feel good*
    e. I feel tired

155. How do you call a person that cannot concentrate on what he is doing?
    a. ass hole
    b. clever
    c. distracted*
    d. fool
    e. smart

156. Find a drivel:
    a. Armstrong walked on the Moon
    b. Christopher Columbus was born somewhere in Europe
    c. I ate green handkerchiefs*
    d. I love apples
    e. That guy Newton, he was correct

Drivel: It is a silly nonsense.

157. What does the word "actually" mean?
    a. at the present time
    b. here
    c. not
    d. truly*
    e. when

En castellano nunca se traduce como actualmente. Actualmente en inglés es *now*.

Crichton informative and candid at HMS

By Beth Potier

Michael Crichton '66, HMS '69, best-selling author and blockbuster director, came to Harvard Medical School Thursday, April 11, 2008, to deliver a lecture advertised as exploring the busy intersection of "The Media & Medicine." Instead, Crichton shared insider knowledge on Hollywood politics, making "ER," and mechanical dinosaurs.

Crichton was cynical but unapologetic about the realities of creating popular culture. "People always ask me 'Why are movies so bad?' I know the answer to that," he promised. "I can also tell you what happened to the intellectual content in 'Jurassic Park'... and what's going to happen next on 'ER.'" Crichton's talk was the third biannual W.H.R. Rivers Distinguished Lecture in Social Medicine, a series supported by a fund that bears his name.

The lanky, self-effacing author of "The Andromeda Strain" and "Timeline" told the audience - primarily medical students - that "it's nice to be back at medical school, which is something you can feel after you've been away for several decades." Crichton, who said he tried repeatedly to drop out of medical school, never practiced medicine, choosing a career path that led him to Hollywood instead. Involved in some of Hollywood's most popular movies, including "Coma" and "Jurassic Park," Crichton offered his jaded if realistic perspective on the industry.

"Showbiz is a business," he said. "It has lost very much contact with audiences and their needs and demands." Crichton de-glamourized movie making with tales of Steven Spielberg's career path, explaining that even Hollywood's most successful director had to kowtow to the studios, agreeing to make "Jurassic Park" so that they would let him direct the much weightier "Schindler's List." "Someone like me, who's quite a bit farther down in the pecking order, is always scrambling," said Crichton.

The industry's obsession with first-weekend box-office totals and the post-release foreign and video markets drives the content of movies. "The conditions of creativity have deteriorated substantially," he said.

The making of 'ER'

Paradoxically, Crichton said, one can win back creativity by avoiding a smash hit. "If you want to be completely left alone to do your movie, the best thing that can happen is that the studio or network doesn't believe in it," he said. "ER," the top-rated television drama for each of its eight seasons, was born of this paradox. Originally conceived as a movie script based on Crichton's rotation at Massachusetts General Hospital, "ER" languished for decades until Spielberg bought the rights "because he heard that I was writing a dinosaur story and he wanted that," said Crichton wryly.

NBC grudgingly agreed to produce a pilot but the network executives were so convinced of its failure, certain that audiences would never keep up with its fast pace and technical nature, that they turned their backs on Crichton and his co-producer John Wells. The network's abandonment was the program's gift, Crichton said, as it granted them the freedom to create the show exactly as they liked.

Crichton elicited knowing chuckles from his audience as he described coaching actors to become doctors, training them to rattle off lab results instead of treating them like dramatic dialogue. "Actors are trained to look at faces when they talk," Crichton said. "I said 'no, no, you're supposed to look at the injury… because that's what you're there for, you're the doctor.'"

His own training as a doctor has served him - and the award-winning series - well by putting him firmly in touch with the true stories that provide the show's dramatic core. "That, I think, is a legacy of having been trained at an institution like this," he said.

Medical school also boosted his sense of empathy and caring for people, a rare commodity in "a business primarily marked by selfishness," he said. His own experience in the ER is represented by the characters of Dr. Greene and Dr. Carter. There's a practical element to his medical training, as well. "I was also really able to stand on my feet for a very long time," said Crichton. "It turns out, if you're going to direct, that's one of the most useful talents."

Media and medicine?

Crichton fielded audience questions about his career change from medicine to entertainment, his habits as a writer, and the power of media to affect science awareness or social health policy. On the latter, he was decidedly downbeat. "I don't believe that movies lead the way in major social ideas," he said, acknowledging that a well-crafted campaign such as the School of Public Health's designated-driver effort can effectively marshal Hollywood's might for social message. "I tend to believe that the media is the way to drive the nail the last quarter-inch. It's not the way you put the nail in the board with the first couple whacks."

Copyright 2002 by the President and Fellows of Harvard College

158. How old was Michael Crichton at the time of the published article?
   a. 40
   b. 42
   c. 55
   d. 66*
   e. 69

159. On what hospital is based the original script of the ER series?
    a. Albert Einstein Memorial Hospital
    b. Chicago Cook County Hospital
    c. Detroit Memorial Hospital
    d. Los Angeles County Hospital
    e. Massachusetts General Hospital*

160. When did Dr. Crichton graduate from Medical School?
    a. 1940
    b. 1958
    c. 1966
    d. 1969*
    e. 2002

161. According to Crichton, how can you get your movie not overseen?
    a. being born European
    b. living in LA
    c. only if the studio does not wait much of it*
    d. only if the studio is completely sure it is going to be a success
    e. studying medicine

162. How is Dr. Crichton described?
    a. a pain in the arse
    b. a pale short man
    c. a very silent and tall man
    d. an exuberant guy
    e. thin and tall and modest and shy*

163. How is Dr. Crichton present perspective about the cinema business?
    a. hopeless and pessimistic
    b. tedious and unreal
    c. non existent
    d. worn but not real
    e. worn but realistic*

164. How long did Dr. Crichton have been away from Harvard?
    a. he never left Harvard
    b. few months
    c. few years
    d. several decades*
    e. some years

165. Was Steven Spielberg wishful of making Jurassic Park?
    a. being Schindler's list a great success he got the right to direct Jurassic Park
    b. not at all. He did it to get the right to direct Schindler's list*
    c. only after they reached his price
    d. Spielberg wrote Jurassic Park when he was a kid, thinking of doing a movie later sometime
    e. yes, he was

166. Sticky stuff:
    a. act
    b. error
    c. goop*
    d. hair
    e. term

167. Prague native:
    a. Bulgar
    b. Czech*
    c. Hungarian
    d. Polish
    e. Russian

168. Throat dangler:
    a. ebon
    b. eraser
    c. rake
    d. uvula*
    e. zloty

throat dangler se refiere a lo que cuelga en la garganta. La úvula cuelga al fondo del paladar blando.
ebon es como los poetas llaman a la noche, a lo negro, o a lo muy oscuro.
eraser es un borrador.
zloty es la moneda de Polonia.
rake es un rastrillo

169. Paintings must have rigid stretchers so that the canvas will be ____ , and the paint must not deteriorate, crack, or discolor.
    a. distributed
    b. overcome
    c. taut*
    d. tend
    e. weight

taut stretched or pulled tight; not slack

170. You can understand a lot about how a person is feeling by examining his ____ language.
    a. accent
    b. body*
    c. native
    d. speech
    e. tongue

171. Almost everyone fails ____ the driver's test on the first tray.
    a. in passing
    b. passing
    c. to
    d. to have passed
    e. to pass*

El verbo FAIL requiere un infinitivo en el complemento. Las opciones A y B son -ing, presente progresivo o gerundio, no infinitivos. C es únicamente la preposición del infinitivo, pero el verbo está ausente. La opción D está en pasado aunque empiece con la preposición TO y por lo tanto no mantiene el punto de vista que establece el verbo FAILS.

172. Which one is an adverb?
    a. fat
    b. hang up
    c. lies
    d. slowly*
    e. teacher

173. Siena is an old, picturesque city located in the hills of Tuscany. <u>Even though</u> its inhabitants live modern lives, many historical markers from as far back as medieval Italy still remain throughout the city. Which of the following alternatives to the underlined portion would be LEAST acceptable?
    a. Although
    b. Even when
    c. Though
    d. When*
    e. While

When es una palabra que no introduce un matiz de contraste como sí lo hace lo subrayado.

174. Complete the following dialogue:
    —There is a great restaurant at the Crown Plaza.
    —
    a. At eight o'clock.
    b. How are you?
    c. Really? I want to go there.*
    d. Where are you from?
    e. Who's that.

175. ¿Quién es el autor de *Baudolino*?
    a. Alice Munro
    b. Jerzy Kosinski
    c. Tom Clancy
    d. Toni Morrison
    e. Umberto Eco*

Claro, su novela más famosa es *El nombre de la rosa*, seguida por *El péndulo de Foucault*.

176. ¿Qué parte de la oración es "azul" en la expresión "libro azul"?
    a. adjetivo*
    b. adverbio de color
    c. artículo
    d. preposición
    e. sustantivo

177. ¿Cuál es la preposición que falta en a, ante, bajo, con, contra, de, desde, durante, en, entre, hacia, hasta, mediante, para, por según, sin, so, sobre, tras, versus, vía?
   a. cabe*
   b. cabo
   c. cual
   d. cupo
   e. cuyo

Las preposiciones del castellano son: a, ante, bajo, cabe (que significa al lado de), con, contra, de, desde, durante, en, entre, hacia, hasta, mediante, para, por, según, sin, so (que significa debajo), sobre, tras, versus, vía.

178. ¿Qué significa hebdomadario?
   a. desértico
   b. endócrino
   c. intestinal
   d. sanguíneo
   e. semanal*

179. ¿Qué es un grave error del entendimiento?
   a. un abenuz
   b. un cachivache
   c. una abéñula
   d. una aberración*
   e. una barraganada

Un abenuz es un árbol similar al ébano. Un cachivache es un sustantivo despectivo para una vasija. Una abéñula es una pestaña. Una barraganada es una travesura.

180. ¿De dónde es un jarocho?
   a. Jalpa
   b. Jerusalén
   c. Xalapa
   d. Xilitla
   e. Veracruz*

181. ¿Cuál es uno de los significados de la palabra solariego?
   a. antiguo y noble*
   b. cauteloso y malicioso
   c. divertido, ocioso
   d. revestido con ladrillos
   e. unido

Estirpe solariega que habitaba una vieja casa solariega y blasonada, la de Antonio Machado.

182. ¿Quién es el autor de *El zoo humano*?
   a. Antoine de Saint-Éxupéry
   b. Aristóteles
   c. Desmond Morris*
   d. Miguel de Unamuno
   e. William Shakespeare

Desmond Morris es un zoólogo inglés autor además de *El mono desnudo* y *Comportamiento íntimo*. Sus libros estudian al ser humano como el animal cordado y mamífero que es.

183. ¿Cuál es el artículo neutro singular del español?
   a. en
   b. hay
   c. lo*
   d. otro
   e. un

El artículo neutro es lo. Sirve para sustantivar adjetivos: lo bueno, lo deseable, lo ausente, lo querido.

184. El pospretérito del verbo haber conjugado en la segunda persona del singular es:
   a. habías
   b. habrás
   c. habrías*
   d. hubiste
   e. hubistes

185. ¿A qué sustantivo NO podría aplicarse el adjetivo PLAUSIBLE?
   a. discurso
   b. hipótesis
   c. motivo
   d. plateado*
   e. reproducción

Plausible significa digno o merecedor de aplauso, y por extensión: admisible, recomendable. Entonces un discurso, una hipótesis, un motivo o una reproducción de una obra de arte, por ejemplo, pueden ser plausibles. Pero lo plateado no puede ser plausible, porque lo plateado es ya un adjetivo que no concuerda con el significado del, también adjetivo, plausible.

186. Dendrón:
   a. antes
   b. árbol*
   c. doce
   d. moneda
   e. rama

187. Movimiento por el cual un miembro u otro órgano se aleja del plano medio (el plano medio divide imaginariamente al cuerpo en dos mitades simétricas):
   a. abducción*
   b. aducción
   c. inversión
   d. pronación
   e. rotación

188. Fisiólogo al que se le atribuye el descubrimiento del llamado condicionamiento clásico:
   a. Bernard
   b. Freud
   c. Pavlov*
   d. Skinner
   e. Watson

Mereció incluso el Premio Nóbel por el condicionamiento de los reflejos.

189. ¿A qué se debe la acolia?
   a. el hepatocito carece de canalículos biliares
   b. el hígado no está funcionando
   c. la bilis no llega a las heces*
   d. los eritrocitos se están lisando
   e. una de las dos vesículas está acaparando toda la bilis

190. ¿En qué ciudad se encuentra *La lección de anatomía de Rembrandt*?

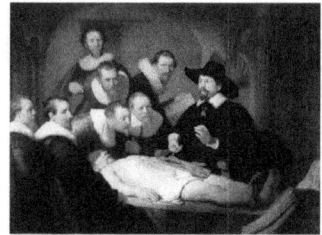

   a. Amberes
   b. Ámsterdam
   c. La Haya*
   d. Londres
   e. París

Aunque la cultura general dejó de ser un tópico del Examen de Admisión, este cuadro es ubicuo en todos los Departamentos de Anatomía del mundo y puede ser material de cualquier examen de una escuela de medicina.

191. ¿Por qué Rosalind Franklin no recibió premio Nóbel en 1962?
   a. porque era sueca
   b. porque había muerto*
   c. porque lo recibió Maurice Wilkins en su nombre
   d. porque no lo merecía
   e. porque solo se le entregó a Watson y a Crick

192. La fundamentación del conocimiento a partir de la indubitabilidad de la propia reflexión ["Pienso, luego existo" (*je pense, donc je suis*)] se atribuye a un filósofo y matemático francés:
   a. Bernoulli
   b. Cauchy
   c. Descartes*
   d. Pascal
   e. Poincaré

193. ¿Quién inventó la palabra "evolución"?
   a. Bonnet*
   b. Buffon
   c. Cuvier
   d. Darwin
   e. Lamarck

194. ¿Cuál fue el primer premio Nóbel que recibió Marie Curie en 1903?
   a. Biología
   b. de la Paz
   c. Física*
   d. Fisiología o Medicina
   e. Química

El Premio Nóbel de Biología no existe. Los otros sí. El segundo Premio Nóbel de Marie Curie fue el de Química, en 1911.

195. ¿Quién dijo, a propósito del establecimiento de la biología como ciencia «Hasta el fin del siglo XVIII la vida no existe. Existen solo seres vivos»?
   a. Anton von Leeuwenhoek
   b. Charles Darwin
   c. Ernst Haeckel
   d. Jean-Baptiste Lamarck
   e. Michel Foucault*

El filósofo francés del siglo XX (1926 - 1984) estudió muchos fenómenos biológicos como la sexualidad, el poder, el conocimiento, el médico, la justicia, las relaciones familiares, etc.

196. ¿Qué hizo Leucipo?
- a. definió el inconsciente de la humanidad
- b. fue el primero en aplicar conceptos de cálculo infinitesimal
- c. la primera teoría del atomismo*
- d. primer humanista de la historia
- e. probó la existencia de Dios basada en la razón

197. Médico austriaco que en su tiempo fue considerado un especialista en el tratamiento de los trastornos neuróticos:
- a. Dewey
- b. Freud*
- c. Piaget
- d. Köhler
- e. Watson

Sigmund Freud nació en Freiberg in Mähren, Austria. Estudió medicina en Viena, y una especialidad en neurología y patología del sistema nervioso en París. Al regresar a Viena abre su consulta enfocada a las enfermedades psiquiátricas mediante la cual va a fundar gradualmente el psicoanálisis.

198. ¿Qué característica del electrón fue determinada por el experimento de Millikan utilizando gotas de aceite?
- a. carga*
- b. masa
- c. spin
- d. tamaño
- e. velocidad

199. ¿Cómo se llamó el interés por el arte y la literatura acaecidos entre los siglos XIV y XVI en Europa?
- a. Antigüedad
- b. Edad Media
- c. Ilustración
- d. Renacimiento*
- e. Revolución Francesa

El Renacimiento marca el final de la Edad Media. Después del Renacimiento siguió el periodo de la Ilustración, donde las ideas fueron más importantes que las obras de arte. Esta forma de pensar daría origen a la Revolución Francesa.

200. ¿Quién dijo «Sentimos que lo que estamos haciendo es solo una gota en el océano. Pero si esa gota no estuviera en el océano, creo que el océano sería menos por esa gota que le falta. No estoy de acuerdo en hacer las cosas a lo grande»?
- a. Donald Rumsfeld
- b. George Bernard Shaw
- c. Laurence Olivier
- d. Marlon Brando
- e. Teresa de Calcuta*

www.ingramcontent.com/pod-product-compliance
Lightning Source LLC
Chambersburg PA
CBHW080840170526
45158CB00009B/2594